성공하는 얼굴·부자되는 얼굴·행복해지는 얼굴 만들기

셀프관상미용 관리법

양성모 | 전연수

박영사

Self Beauty Physiognomy Care
셀프관상미용관리

성공하는 얼굴

부자 되는 얼굴

행복해지는 얼굴

Self Care 하세요 ~ !

새로운 관점에서 보는 미용관상학!

우리는 인생을 살아가면서 수 없이 많은 사람들을 만나고 헤어지기를 반복한다. 길을 가다보면 어떤 사람은 자기도 모르게 설렘으로 끌리는가 하면 어떤 사람은 이유 없이 비켜가고 싶은 사람이 있다.

이처럼 상대의 모습은 나에게 호불호의 '느낌'으로 다가오고 나 또한 상대에게 좋거나 나쁜 '느낌'으로 어필된다. 그 이유는 한사람의 관상에는 그 사람에 대한 정보가 소상하게 들어 있기 때문이다. 아무리 감추려고 해도 한 사람의 얼굴에는 그 사람의 기질과 속성 그리고 그에 따른 반사적 행동 패턴이 드러나며 그로인한 삶의 모습들이 나타나기 마련이다. 그러므로 우리는 관상을 보고 상대를 소상히 알 수 있는 것이다. 그만큼 얼굴이 주는 인상은 일상생활에 매우 중요한 것이다.

우리는 젊음과 아름다움을 요구하는 세상을 살아가고 있다. 여성의 아름다움을 가장 자연스럽고 당당하게 노출시킬 수 있는 곳은 얼굴이며, 남성에게도 멋진 얼굴은 성공과 만족한 삶을 위한 필요조건이 되었다. 아름다운 얼굴과 멋진 외모, 그리고 고운 피부는 미용관상학 측면이나 건강 면에 있어서나 대인관계를 위한 자신감 측면에서도 매우 중요한 요소이다.

관상미용관리란 단순히 화장으로 외모만을 가꾸는 것이 아니며 심각한 부작용을 초래할 수 있는 의학의 힘을 빌리는 성형수술이나 미용시술에 의존하지 않고 손쉬운 미용관리기술을 이용하여 노화되어 가는 부분들을 미리 예방하고 관리하며 관상학적으로 틀어지고 함몰되어 있거나 부족한 부분들을 개선하고 보완해주어 미적 아름다움은 물론 건강하고 발복할 수 있는 복 있는 얼굴로 만들어 행복하게 발전하는 인생을 영위 할 수 있게 만들어 보자는 것이다.

20여년의 세월동안 관상과 수상, 사주 등을 통하여 인간의 삶을 힐링 시켜줄 방법을 연구하며 찾아오던 중 사람에게는 선천적으로 타고난 운명적 요소가 있는데 이를 후천적 노력에 의해서 개선 할 수 있음을 확인하고 실증하게 되었던바 그 축적된 연구 결과를 정리하여 그 중에서 얼굴관리를 통한 개선방법만을 따로 정리하여 본 책 "관상미용관리법"을 출간하게 되었다.

이 책이 어려움과 고통 좌절감 속에서 한줄기 희망의 빛을 찾는 독자 여러분들에게 미래를 열어가는 하나의 지침서가 되고, 또한 창창한 미래를 열어 나가야하는 수많은 젊은이들에게 성공과 희망의 빛이 되길 바라는 마음이다. 독자여러분께서 이 책을 읽고 아름답고 당당한 관상으로 행복해지시길 진심으로 바라는 바이다.

저자 양성모 · 전연수

차 례

Self Beauty Physiognomy Care

제 **1** 장

관상의 원리

Self Beauty
Physiognomy Care

관상이란 자연의 원리에 부합 되면 좋은 상이고 그렇지 못하면 나쁜 상이다. 관상은 자연의 조화와 균형의 원리를 인간의 육체에 적용하여 파악하는 학문이다. 사람의 인체라는 소우주에 깃들어 있는 대우주의 기운을 파악하여 인간의 길흉화복을 예단하고 우주 자연의 순리에 따라 살아가는 지혜로운 삶의 자세를 배우고자 하는 학문이다.

대우주인 자연과 소우주인 인간이 합일되는 이치는 무엇인가? 자연 속에는 산과 바다, 강이 있고 하늘과 땅이 있다. 또 그 하늘과 땅, 바다에는 가지각색의 만물이 존재한다. 우리의 인체에도 이와 같은 천지 만상이 그대로 녹아있다. 지구에 오대양 육대주가 있듯이 인간에게는 오장 육부가 있으며, 또 지구에는 일년 열두달, 삼백육십오일이 있으며 인간에게는 십이지장과 365개의 경혈이 있다. 지구의 70%는 바다이고 인간 몸의 70%는 수분으로 이루어져 있다. 이렇듯 지구와 인간은 동체적 관계이다. 그러므로 우리는 관상을 알기 위해서는 우선적으로 자연과 음양오행의 이치를 깊이 숙지하여야 한다.

관상의 원리

얼굴에 반영된 자연의 이치는 음양과 오행이다. 음양과 음양오행이란 무엇인가? 목·화·토·금·수의 기운과 성질, 상생 상극하는 오행의 이치를 말한다.

오행배속표

구분 오행	목(木)	화(火)	토(土)	금(金)	수(水)
수(數)	3, 8	2, 7	5, 10	4, 9	1, 6
방위	동	남	중앙	서	북
계절	봄	여름	사계	가을	겨울
천간	甲 乙	丙 丁	戊 己	庚 辛	壬 癸
지지	寅 卯	巳 午	辰戌丑未	申 酉	亥 子
오기(五氣)	풍(風)	열(熱)	습(濕)	조(燥)	한(寒)
오색(五色)	청색	적색	황색	백색	흑색
오미(五味)	신맛	쓴맛	단맛	매운맛	짠맛
오상(五常)	인정(仁)	예의(禮)	신용(信)	의리(義)	지혜(智)
오장(五臟)	간(肝)	심(心)	비(脾)	폐(肺)	신(腎)
육부(六腑)	담(쓸개)	소장	위장	대장	방광
인체부위	머리 모발 신경계	체온 혈맥 시력	소화계 흉부 근육	기관지 골격 피부	비뇨기 자궁
오관(五官)	눈	혀	입, 몸	코	귀
오각(五覺)	시각	미각	촉각	후각	청각
오성(五星)	혼(魂)	신(神)	영(靈)	백(魄)	정(精)
조후(調喉)	온(溫)	열(熱)	조습(燥濕)	냉(冷)	한(寒)
소속음	ㄱ ㅋ	ㄴㄷㄹㅌ	ㅇ ㅎ	ㅅㅈㅊ	ㅁㅂㅍ
위치	왼편	위편	가운데	오른편	아래편

2. 🗝 사람은 5가지 유형으로 구분할 수 있다.

사람은 오행에 따른 다섯 가지 유형이 있다. 오행의 원리에 따라 木형은 총명하고 인자한 학자풍이며 火형은 가볍고 순수한 예술가형이고 土형은 후덕하고 재복 많은 부귀형이며 金형은 강직하고 맑은 무인형이고 水형은 지혜롭고 뛰어난 수재형이다.

3. 🗝 상은 균형과 조화를 이루어야 한다.

1) 3가지 균등해야 하는 것, 삼정(三停)

관상에서 가장 중요한 것은 균형과 조화이다. 태과한 것은 오히려 부족함만 못하다. 상하좌우 대칭의 얼굴과 비대칭의 얼굴을 구분하라. 천지(天地)의 이치에 준하여 이마를 하늘로 코를 사람으로 턱을 땅으로 비유한다.

2) 4가지 길고 윤택해야 하는 것, 사독(四瀆)

얼굴에는 내부와 통하는 눈 코 귀 입의 4가지 물길이 있다. 4독은 길고 깊고 그윽하고 완만해야지 뾰족하게 각을 이루면 안 좋다.

3) 5가지 풍요로워야 하는 것, 오악(五岳)

동서남북의 산은 중악인 코를 잘 도와 풍요로워야 한다. 상하좌우가 뒤로 젖혀진 얼굴은 고독하다.

4) 6가지 빛나야 하는 것, 육요(六曜)

운명을 밝히는 별들, 눈썹 사이와 눈 사이에 무엇이 있는가?

육요(六曜)는 양 눈썹 2개, 양 눈 2개, 인당과 산근을 말한다.

5) 12가지 운명을 나타내는 얼굴의 십이궁(十二宮)

모든 운명의 척도가 되는 명궁(인당), 재물운을 나타내는 재백궁(코), 부동산운을 나타내는 전택궁(눈), 부모운을 나타내는 부모궁(일월각), 형제운을 나타내는 형제궁(눈썹), 배우자운을 나타내는 처첩궁(눈꼬리), 자녀운을 나타내는 자녀궁(와잠), 아랫사람운을 나타내는 노복궁(지각), 질병운을 나타내는 질액궁(산근), 명예운을 나타내는 천이궁(천창), 관록운을 나타내는 관록궁(중정), 복과 덕을 나타내는 복덕궁(천창과 지고)을 말한다.

4. 오관의 생김새에 숨은 비밀

1) 채청관(조상의 음덕을 담은 귀)

귀는 정면에서 잘 보이지 않아야 음덕을 갖추고 좋으며 높이가 눈썹에 이르면 귀하고 학문이 높다. 귀가 위로 뾰족하면 냉혹하고 아래가 뾰족하면 냉정하다. 귀는 안 바퀴가 튀어나와 겉 바퀴와 뒤집어지면 외향적이고 적극적이나 박복한 상이다.

2) 보수관(생명력으로 빛나는 눈썹)

눈썹은 얼굴에서 빛나는 별과 같아 생명력을 나타내며 아름다움을 표현하는 존재이다. 눈썹은 보수관으로 높고 길어야 해와 달을 온전히 보호한다. 눈썹이 올라가면 무인형이고 눈썹이 내려가면 문인형인데 속살이 보이지 않는 너무 진한 눈썹은 강하나 어리석다. 눈썹이 너무 무성하면 강압적이고 너무 섬세하면 바람기가 있는데 눈썹 속에 있는 점이 있다면 총명하고 지혜롭다.

3) 감찰관(정신과 에너지가 깃든 눈)

눈은 길고, 적당히 깊고 가늘어야 좋은데 눈에도 오장육부가 그대로 다 나타나므로 눈에는 정신과 에너지가 깃들어 있다. 눈 꼬리가 올라가면 양성적(陽性的)이며 눈 꼬리가 내려오면 음성적(陰性的)이다. 눈이 혼탁하고 입 주변이 지저분하면 빈천한 상이다. 사백안은 사납고 호색한 성품이며 출안은 정기가 노출되고 신기가 흩어지며 흑칠안은 귀하고, 점칠안은 대귀하다. 눈두덩이 너무 두터우면 간담이 크고 음탕하다.

4) 심판관(얼굴의 근본이요 나의 상징인 코)

코는 얼굴의 근본이요 나의 상징이am로 코의 모양에 따라 마음의 기량이 다르다. 코끝의 준두가 처지면 커다란 욕망으로 재산을 모으는데 코끝이 들린 들창코는 재산과 운이 모두 나쁘다. 매부리코는 배신지상이니 반드시 눈과 함께 보아야 한다.

5) 출납관(사람의 마음을 표출하는 입)

입을 보면 사람의 됨됨이를 알 수 있는데 두툼한 입술은 내 일신의 튼튼한 제방과 같아 넉사(四)자형의 입은 부귀영화를 누리며 입술의 양끝이 올라가면 귀격으로 관운이 좋다. 입술은 심장에서 피어난 한 송이 꽃과 같아 인간의 운명을 좌우하는 핵심 부위이다. 입술이 두툽고 치아가 튼튼하면 의지력이 강하다.

5. 인체에 깃들어 있는 우주자연의 원리를 이해하자.

1) 머리는 하늘이고 발은 땅이다. 그러므로 머리는 높고 둥글어야 하고 발은 모나고 두터워야 한다.

2) 두 눈은 해와 달과 같으니 깨끗하고 맑고 빛나야 한다.

3) 뼈는 금석(金石)과 같으니 단단해야 하고 살은 흙과 같으니 풍요로워야 한다.

4) 코와 관골 이마와 턱은 산과 같으니 적당하게 솟아야 한다.

5) 인중은 강과 같으니 길고 뚜렷해야 하며 입은 바다와 같으니 크고 넓어야 한다.

6) 머리카락이나 수염과 털은 나무와 풀과 같으니 맑고 수려해야 한다.

7) 목소리는 맑고 웅장하게 울려야하고 혈맥은 강과 하천처럼 막히지 않고 윤택해야 한다.

셀프관상미용관리란?

Self Beauty
Physiognomy Care

제2장

셀프관상미용관리란?

1. 셀프관상미용관리(Self Beauty Physiognomy Care)란?

여성의 아름다움을 가장 자연스럽고 당당하게 노출시킬 수 있는 곳은 얼굴이며 남성에게도 멋진 얼굴은 행복하고 만족한 삶을 위한 필요조건이 되었다.

아름다운 얼굴과 멋진 외모, 그리고 고운피부는 미용관상 측면에서나 건강 면에 있어서나 대인관계를 위한 자신감면에서도 매우 중요한 요소이다.

셀프관상미용관리란, 아름다운 얼굴을 만들기 위해서 의학의 힘을 빌리는 성형수술과 미용시술도 좋지만 만에 하나 커다란 부작용을 초래할 수 있는 성형수술이나 미용시술에 의존하지 않고 미용관리기술을 이용하여 노화되어 가는 부분들을 스스로 예방하고 관리하며 관상학적으로 틀어지거나 함몰하거나 부족한 부분들을 개선하고 보완해 주어 미적 아름다움은 물론이고 건강하고 발복할 수 있는 자연스럽고 복 있는 얼굴로 만들어 행복한 인생을 영위 할 수 있게 만드는 최고의 얼굴관리법이다.

또한 관상미용관리는 이미 성형수술을 한 경우 성형한 부분과 연결되어지는 부위를 전문적인 관상미용관리를 통하여 혈행을 원활하게 해

줌으로 성형 수술이나 미용시술 후 나타나는 부작용과 부자연스런 현상을 완화하여 편안하고 자연스러운 얼굴로 만들어 줄 수 있는 얼굴관리법이다.

관상을 통하여 한 사람 얼굴의 길흉을 판단한다는 것은 고도의 전문지식과 판단력을 필요로 한 것이기 때문에 상당이 어려운 일이다. 그러기에 관상미용학적 진단을 하기 위하여 우리는 얼굴의 관상 보는 법을 선제적으로 징확하고 세밀하게 공부한 후 거기에 따르는 선문석인 관상미용관리법을 익혀야 한다.

관상에는 음양(陰陽)과 오행(五行)의 원리가 적용된다. 따라서 음양오행에 대한 이해가 없이는 관상을 제대로 이해 할 수 없으며 관상을 볼 줄 알아야 관상미용관리법을 이해하게 되고 그럼으로써 제대로 된 관상미용관리를 할 수 있게 된다.

사람의 머리는 음양으로 보아서 맨 위에 있으므로 양이다. 머리에서 다시 앞은 양(陽)이고 뒤는 음(陰)이니 사람의 얼굴은 양(陽) 중의 양(陽)이라고 할 수 있다. 음양에서 겉은 양이고 속은 음이니 인체에서 가장 겉으로 드러나는 중요한 부분이 얼굴이라고 할 수 있다.

· ·
2. ˥: 사람의 얼굴에는 인간의 삶이 담겨 있다.

우리는 살아가며 수없이 많은 사람들을 만나고 있다. 어떤 사람은 자기도 모르게 마음이 끌리는가 하면 어떤 사람은 이유도 없이 호감이 가지 않고 싫은 사람이 있다.

사람은 자기 생긴 "꼴"대로 살아간다. 그러므로 그 사람의 생긴 모습을 통해 우리는 상대를 나름대로 파악 할 수 있는 것이다. 사람들은 누구나 어느 정도 상대의 생김새를 통하여 사람의 됨됨이를 파악 할 수 있는 능력이 있다. 사람에 따라 능력에 차이가 나고 안목이 다르지만 기본적으로 모두 나름의 보는 눈이 있게 마련이다. 어린아이나 심지어 동물까지도 그런 느낌을 가지고 있다. 오히려 어린아이나 백치는 상대가 자기에게 호감이 있는 사람인지 자신을 해칠 사람인지 본능적으로 더 잘 알아차리고 동물 역시 사람의 눈빛에 민감하여 애정 어린 눈과 적의의 눈을 구별 할 줄 안다. 왜 그런 것일까?

그 이유는 사람의 관상에는 그 사람의 천성적 기질과 인생 전체에 대한 정보가 들어 있기 때문이다. 아무리 감추려고 해도 한 사람의 상에는 그 사람의 기질과 마음과 생각 그리고 그에 따른 반사적 행동 패턴이 드러나며 그로인한 삶의 모습들이 나타나기 마련이다. 그러므로 우리는 관상을 보고 상대를 소상히 알 수 있는 것이다.

3. 열심히 공부하여 빠르고 정확하게 얼굴을 읽자.

한 사람의 얼굴을 보고 그 길흉을 알기란 참으로 힘든 일이다. 인상과 관상은 다른 것이다. 대부분의 사람들은 상대가 관상이 나쁘더라도 웃는 얼굴로 친절하게 잘해주면 좋은 인상을 가진 사람이라고 생각하게 마련이다. 하지만 우연한 기회에 그 사람 이면의 표독한 진짜 모습을 보게 되면 충격을 받는 경우가 있다. 사람들은 나름대로 상대의 인상에 대한 느낌과 판단의 기준을 가지고 있지만 그 것은 다분히 감상적이고 개인적이고 주관적이기 쉽다. 그러므로 상대를 좀 더 객관적으로 정확하게 파악하기 위해서는 한 사람의 총체적인 삶을 이해 할 수 있는 관상학을 깊이 공부 할 필요가 있다. 관상학은 한 사람의 얼굴이나 생김새 등을 보고 그 사람의 운명, 수명, 길흉, 성격 등을 판단하여 인간의 본질을 파악할 수 있는 학문이다. 얼굴은 한 사람의 얼(정신)이 들고 나는 통로로 인생의 희노애락과 길흉성패를 표현하는 창구요 과거와 현재 미래의 삶이 교차하는 곳이다.

그러므로 한 사람의 인품을 바로 알기 위해서는 관상을 정확하게 보아야만 할 것이다. 지금부터 관상법을 열심히 익혀보자. 그래서 즉각 상대를 파악 할 수 있는 능력을 키워 진정한 관상미용관리의 전문가가 되어보자.

4. 얼굴은 바뀐다!

얼굴은 바뀐다. 우리는 흔히 "그 사람 천성이 원래 그래. 타고난 천성을 어떻게 바꿀 수 있겠어? 소위 지랄병 고치는 약은 있어도 천성을 바꾸는 약은 없는 법이야"라고 말한다. 하지만 그렇지 않다. 관상학을 공부하여 한 사람의 장단점을 객관적으로 잘 파악하고 인생의 길흉을 미리 알아 관상미용관리법을 통하여 복 받을 수 있는 좋은 얼굴로 만들어주고 더불어 마음을 수양하고 겸허한 자세로 살아가며 분에 넘치는 과욕과 허욕을 부리지 않는다면 누구나 얼굴이 자연히 좋게 바뀌어 진다.

우리가 관상학과 관상미용관리법을 공부하는 이유는 자신에게 주어진 숙명의 기운을 잘 파악하여 이를 스스로 조절하고 개척해 나가는 지혜를 얻기 위해서이다.

5. 관상미용관리법을 공부하는 목적

사람은 하늘의 기운을 받은 소우주이기에 자연의 원리에 부합하면 좋은 상이고 그렇지 못하면 나쁜 상이다. 얼굴에 반영된 자연의 이치는 음양(陰陽)과 오행(五行)의 원리이다.

얼굴을 관리 하였을 때 음양오행을 바탕으로 상생(相生)의 관계에 놓인 부위의 생김새가 결함이 없이 잘생기고 서로 조화를 이루게 되면 각 부위의 장점을 더욱 강화시켜서 좋은 상을 만들 것이고 이와 반대로 상극(相剋)의 관계에 놓인 부위의 생김새가 결함이 생기고 서로 조화를 이루지 못하게 된다면 배반의 이치에 따라 각 부위의 단점을 더욱 나쁘게 해서 나쁜 상을 만들 수 있다.

얼굴은 순수 우리말로 얼과 굴의 합성어로 그 사람의 정신의 통로이며 뇌를 감싸고 있는 곳이다. 뇌는 그 사람의 기질과 성격과 재능과 능력을 관장하고 있는 인간에게 있어 가장 중요한 기관이다. 그러므로 아름답고 건강하고 행복하고 재복(財福)이 있는 사람이 되려면 적극적인 얼굴관리를 통하여 건강한 뇌를 만들고 이를 통하여 마음부터 가꾸고 다스려야 함은 무엇보다 중요하다.

그러기 위해서 우리는 선제적으로 관상학을 정확하게 학습하여 한사람의 관상을 바탕으로 그에 가장 적합한 관상미용관리를 실시하여 바르고 좋은 얼굴, 복 있고 아름다운 얼굴, 멋지고 건강한 얼굴을 만들어야 한다.

선천적으로 부모에게서 물려받은 외모가 부조화와 불균형으로 인하여 잘못된 경우 사회생활이나 직장생활, 또는 가정생활을 하는데 적지 않은 문제점을 유발하여 만족스러운 삶을 살아가는데 상당한 장애가 될 수 가 있다. 따라서 선천적으로 타고난 관상을 후천적인 미용관리법으로 개선하여 줄 수 있다면 이는 매우 바람직한 일이라 할 수 있다.

우리가 객관적으로 관상을 볼 수 있는 능력을 가지고 관상에서 말하는 길, 흉을 판단하여 그에 맞추어 가장 적절한 방법으로 성형 전 적극

적인 관상미용관리는 물론이며 혹은 성형 후 보조적 관리를 실시하여
복 있고 아름다운 얼굴을 만들어 당당한 자신감을 가지게 함으로써 삶
의 질을 향상시켜 건강한 삶을 창조해 낼 수 있게 하는 것이 관상미용
관리법을 공부하는 진지한 목적이다.

얼굴의 다섯 가지 유형

Self Beauty
Physiognomy Care

제3장

얼굴의 다섯 가지 유형

1. ᚐᣏ **다섯 가지 유형**

    오행의 이치에 따라 사람의 얼굴을 다섯 가지 유형으로 분류한다. 물론 이렇게 다섯 가지 유형으로 나누는 것은 그 얼굴에 따르는 두드러진 특성을 말하는 것이지 똑떨어지게 오행대로만 나누어 규정하는 것은 아니다. 얼굴에는 한 가지 오행의 특성이 두드러진 경우도 있으나 보통 두 가지 이상의 기운이 섞여있는 경우가 더 많다. 한 가지 오행의 기운을 뚜렷하게 타고난 경우를 진체(眞體)라고 하는데 그 오행의 모양에 따른 좋은 특성이 강해져 부귀가 더욱 확실해진다.

1) 木형

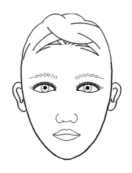

진취적으로 생동하고 뻗어 올라가는 기질로 얼굴이 갸름하고 파리하며 몸매가 곧고 훤칠하다. 순수한 목형은 목기운의 수려함과 풍요로움을 이어받아 부귀 할 수 있다.

2) 火형

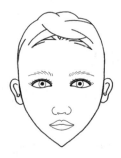

확산하고 발산하는 열정의 기질로 얼굴이 타오르듯 뾰족하고 날렵하고 화색이 붉다. 순수한 화형은 밝고 활동적인 특성으로 급하기는 하지만 열정적이며 과감하여 크게 성공할 수 있다.

3) 土형

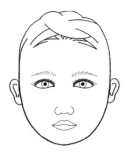

중용과 안정과 화합의 중후한 기질로 얼굴이 원만 풍요하고 황색을 띠며 살점이 풍후하다. 순수한 토형은 토기운의 윤택하고 두터운 기운을 받아 부귀를 겸비하게 된다.

4) 金형

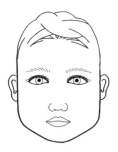

사색과 분석, 의와 용기와 결단의 기질로 얼굴이 사각형으로 균형이 잡히고 흰색이다. 순수한 금형은 강직한 기상으로 정의를 구현하여 세상에 이름을 드높이게 된다.

5) 水형

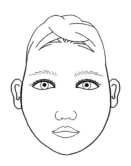

지혜와 순응과 순리의 윤택한 기질로 얼굴과 몸집에 살이 많고 항아리처럼 둥글고 풍요롭고 여유가 있다. 순수한 수형은 학문에 뛰어나고 지혜로워 학자적 귀인의 명성을 드높인다.

2. 유형별 특성

1) 목형(木形)

목형은 가름하고 수려한 모습으로 木의 기운을 타고나 머리가 똑똑하고 자애롭다. 진취적 기운을 가지고 가슴을 당당히 내밀고 눈을 멀리 보고 당당하고 늠름한 모습이다. ex) 오세훈, 이광수 등

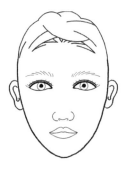

얼굴이 길고 좁다

◆ **목형의 성격(긴네모형 얼굴, 충신, 간 크고 담대함)**

　・장점 : 온화하고 인자하다. 문학적, 교육적, 행정적이다. 과감성,
　　　　　결단성이 있다. 계획적이고 설계를 잘하며 머리가 좋다.

• 단점 : 쉽게 결단하고 변덕이 심하다. 약을 올리고 심술을 부린
다. 남을 비꼬고 무시하고 교만하다. 남에게 가슴 아픈
말을 잘한다. 분노한다.

목형(木形)은 대게 키가 크고 날씬하며 마른 체질로 얼굴은 다소 창
백하다. 목형 중에도 살이 쪘고 튼실한 사람도 있으나 팔 다리가 길고
훤칠하며 당당하다. 팔다리가 크고 길며 말랐는데 체격이 좋은 경우는
모두 목형이다. 키가 작아도 목형들은 팔 다리 몸체가 균등하게 조화를
이루고 있다. 다리가 짧으면 목형이 아니다. 바짝 마른 목형이라도 목형
의 체형을 제대로 갖추고 있으면 재복이 좋다. 빼어난 목형은 인당에 맑
고 수려한 기운이 있고 이목구비가 수려하다. 머리는 좋고 총명하며 인
자한 심성으로 측은지심이 있고 정직하고 곧은 성격이다. 순수한 목형은
복이 많아 노후에도 부유하게 산다. 목형의 체형인데 얼굴이 너무 모가
나고 각지면 금(金)기운이 혼합된 경우인데 이런 유형은 金剋木으로 나
무나 금속을 다듬는 조각가나 목수, 수공예가 등이 많은데 손재주와 능
력은 좋아도 인생이 고달프고 파란만장하다. 목형의 체질인데 얼굴에 火
氣의 은은한 홍조를 띠고 있으면 木生火로 화(火)기가 혼합된 경우인데
밝은 성격과 지혜로 재예(才藝)가 뛰어나며 학자 예술가 등으로 이름을
날린다.

2) 화형(火形)

화형은 이목구비가 뾰족하고 날렵하며 밝고 활달하고 열정적이나 급
하고 솔직하고 즉흥적이다. 다섯 가지 유형 중 가장 티 없이 맑고 순수하
고 깨끗한 성격으로 욕심이 없으며 심성이 착하다. ex) 황정음, 공유 등

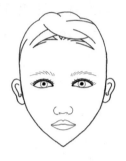

이마는 넓고 턱은 좁다

◆ **화형의 성격(역삼각형 얼굴, 열정적, 희생적)**

· 장점 : 밝고 화려하며 정열적이다. 예술적이며 직감이 예민하다.
　　　　탐구심과 모험심이 강하다. 용감하고 희생정신이 있다.

· 단점 : 신경질적이며 화를 잘 낸다. 버릇이 없고 짜증을 잘 낸
　　　　다. 사생결단으로 극단적인 행동을 한다. 사치를 하며
　　　　야하다.

　화형(火形)은 여러 유형 중 가장 제일 날씬하고 살집이 별로 없으며
날렵하다. 얼굴과 피부가 투명하고 얇으며 붉은 기색을 띠고 있다. 얼굴
이 위아래가 좁고 전체적으로 가벼운 인상이다. 대개 火型을 얼굴이 위
가 넓고 아래가 좁다고 하나 만약 그렇더라도 전체적으로는 날렵한 인
상을 풍긴다. 화형 얼굴은 대체적으로 길고 귀가 약간 뒤집어져서 높이
붙어 있고 뼈나 힘줄이 밖으로 드러나 보이나 수염은 없는 편이다. 다섯
가지 유형 중 가장 복록이 없는 편으로 성격은 마치 불처럼 급하고 명
쾌하다. 행동이 침착하거나 묵직하지 못하고 가볍고 기분파이고 솔직하

며 즉흥적이다. 싫고 좋음이 분명하고 얼굴에 생각이 그대로 드러나 속이 빤히 들여 보인다. 정열적이고 열정적이며 예를 중시하며 사양지심이 있다. 화형의 체질인데 입이 너무 크거나 배가 나오면 수형(水形)과 혼합된 것으로 水剋火가 되어 좋지 않다. 하지만 순수한 화형의 체질을 잘 타고난 사람은 불꽃처럼 밝고 맑아 지혜가 뛰어나니 사회적으로 대성할 수 있다.

3) 토형(土形)

토형은 둥그런 얼굴에 중화와 중용의 기운을 타고나 그 속이 깊고 두터워서 무슨 생각을 하는지 겉으로 잘 드러나지 않는다. 신용이 있고 성실하며 언행이 무거워 헛된 소리를 하지 않는다. ex) 이만기, 백종원 등

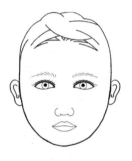

얼굴이 둥글다

◆ **토형의 성격(둥근 얼굴, 미련, 공상형, 비현실적)**

· 장점 : 실천력이 좋다. 부지런하고 성실하다. 확실하고 철저하다. 믿음이 강하고 신용이 있다.

• 단점 : 게으르고 미련하다. 지나치게 생각을 하고 의심이 많다. 반복해서 말 하고 확인한다. 비현실적인 생각으로 공상 망상을 한다. 부담을 주고 귀찮게 한다.

토형(土形)은 얼굴이 원만하고 풍요로우며 피부는 누런빛이다. 살집은 두텁고 견고하여 약간 비만형이며 머리와 얼굴이 크고 둥글고 목은 짧으며 뼈와 살이 튼실하다. 특히 코가 풍요롭고 왕성하게 잘 발달되어 있다. 입도 크고 입술도 두터우며 턱도 발달하고 선체석으로 원만하며 손발의 살결이 부드럽고 복스러우며 음성이 깊고 굵다. 순수한 토형은 등과 허리가 거북처럼 넓고 두텁다. 얼핏 보면 수형(水形)과 비슷하기도 하지만 수형은 키가 작고 전체적으로 항아리처럼 둥그런 모양으로 살이 많이 쪘는데 토형은 수형보다 크고 체형이 장대하고 우람하다. 토형은 중화의 기운을 타고 났기 때문에 체형과 성격이 중용의 이치에 합당하다. 속이 깊어 무엇을 생각하는지 겉에 나타나지 않으며 신용과 정직으로 거짓말은 하지 않고 후덕한 성품으로 실수를 하지 않는다. 순수한 토형을 타고난 사람은 재복이 많아 재벌의 부귀를 겸비한다. 그러나 토형이 부실하면 오히려 가난하고 천한 인생을 살게 된다.

만약 토형인데 뼈가 드러나고 살집이 없으며 목소리가 가늘고 약하면 운이 박하고 장수할 수 없다. 또한 행동이 경망하고 걸음걸이가 가벼운 토형은 오히려 신의가 부족하고 천하다.

4) 금형(金形)

금형은 단단한 피부와 골격, 견실하고 단정한 풍모로 정기가 충만한 눈빛을 띠고 있다. 의와 결단의 金氣를 받아 불의를 용납하지 않는 무인의 기질로 충절을 지킨다. ex) 박경림, 추신수 등

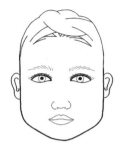

각진 얼굴이다

◆ **금형의 성격(네모진 얼굴, 보스형, 조폭두목형)**

· 장점 : 모범적이며 지도력이 있다. 견실하며 마무리를 잘한다.
자존심과 승부욕이 강하다. 의리 있고 책임감이 강하다.

· 단점 : 슬퍼하며 비관적이다. 쉽게 좌절하고 절망한다. 상대를
억압하고 권위적이다. 눈물이 많고 동정심이 지나치다

금형(金形)은 얼굴이 사각형으로 짜임새 있고 희다. 이목구비가 반듯
하고 단정하며 치밀한 성질이 있다. 전형적인 무인형으로 군, 검, 경찰타
입으로 키는 크지 않으나 단단한 근골질이다. 금형은 작고 아담하지만
뼈대가 단단하고, 음성은 맑고 깨끗하며 윤택하다. 손은 단정하고 손가
락은 짧고 허리나 배는 둥글다. 금형이 살집이 있으면 더 좋다. 작아도
힘이 세고 알차기 때문에 순수한 금기를 타고난 사람은 무관의 상으로
눈에 정기가 충만하며 빛이 난다. 금형은 키도 크지 않고 팔 다리 손가
락들이 모두 길지도 않지만 지나치게 작거나 짧으면 운이 박하다. 전체
적으로 균형에 맞지 않게 얼굴은 수려한데 목이 너무 짧거나 어느 한

부분만 짧으면 좋은 기운이 감소한다. 특히 금형이 좌우로 대칭을 이루지 못하거나 단단하게 야물지 못하고 살집이 물렁물렁하면 흉하다. 순수한 금형은 분명하고 강직한 기운으로 불의를 용납하지 않고 명예와 부를 겸비하여 귀하게 된다.

토형(土形)과 혼합된 금형도 土生金으로 매우 좋다. 하지만 만약에 금형이 다리가 길면 金剋木이 되어 인생이 고달프고 파란만장해진다. 금형이 코끝이나 눈꺼풀에 붉은 기운이 돌거나 눈에 핏발이 서면 火剋金이 되어 매우 해로운 징조이다.

5) 수형(水形)

수형은 원형의 얼굴에 몸집이 항아리처럼 널찍하고 두툼하여 약간 구부정한 형상으로 땅을 보며 걷는다. 수형은 水氣의 지혜와 적응성과 슬기로움을 타고나 머리가 좋고 수재형이다. ex) 강호동, 강부자 등

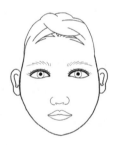

턱이 넓고 이마는 좁다

◆ **수형의 성격(물방울형 얼굴, 유연하고 부드럽다)**

· 장점 : 연구하고 개발한다. 지구력과 인내심이 강하다. 새로운 아이디어를 제시한다. 지혜가 있고 발전적이다.

• 단점 : 궁상을 떨며 엄살을 부린다. 핑계를 대고 책임을 전가한
다. 매사에 부정적이고 반대한다. 겁이 많고 무서워한다.
상대를 공갈 협박한다.

수형(水形)은 물방울의 윤택함과 둥근 모양을 따라 살이 많이 쪄서
그 몸매가 항아리처럼 둥글고 후중하며 골격은 가볍고 뼈는 잘 드러나
지 않는다. 토형(土形)과 비슷한 점이 많지만 토형보다는 키가 작고 별
로 모양이 나지 않는 유형이다. 머리, 팔다리, 손바닥 등 신체 각 부위와
눈, 코, 귀, 입에도 골고루 살이 쪄있다. 얼굴의 기색은 윤택하고 안정이
되어 있고 조용한 모습으로 피부는 다소 검은 기가 있다. 수형은 음의
기운이 하강 하는 특성으로 아래를 지향하게 되어 구부정하게 팔을 늘
어뜨리고 몸을 약간 굽히고 땅을 보며 걷는다. 이러한 수형에게 목형(木
形)처럼 가슴을 내밀고 위를 보고 당당하게 걸으라 해도 잠시 후에는 자
신도 모르게 다시 수그러진다. 이처럼 순수한 수기를 타고난 사람은 좋
은 길상이다. 순수한 수형은 물의 지혜와 순응성으로 머리가 매우 뛰어
나고 수재이다. 순수한 수형은 다섯 가지 유형 중 가장 지혜로워 학문에
뛰어나며 귀인의 명성을 얻게 된다.
그러나 수형이 주체 할 수 없을 정도로 살이 많아 흐느적거리거나
탄력이 없거나 뼈에 힘이 없어 한쪽으로 치우치거나 뼈가 너무 많이 드
러난 사람들은 운이 약하고 장수하지 못한다. 수형은 얼굴이 다소 검더
라도 윤택하여야 좋다. 수형이 얼굴이 기색이 탁하거나 윤기 없이 백분
을 바른 듯 하거나 붉은 기색이 돌면 안 좋다.

Self Beauty Physiognomy Care

제 **4**장

3정 6부

Self Beauty
Physiognomy Care

3정 6부

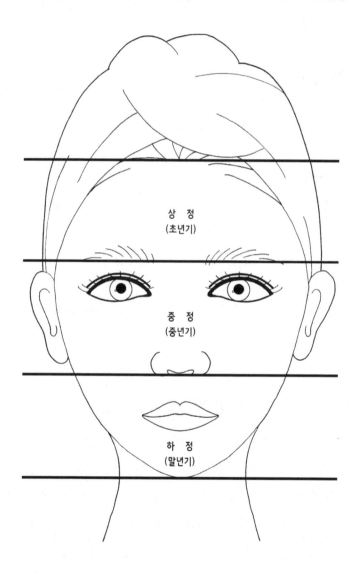

상 정
(초년기)

중 정
(중년기)

하 정
(말년기)

1. ▷ 삼정(三停)이란?

관상에서 가장 중요한 것은 얼마나 균형이 잘 잡혀있나 하는 것이다. 천지(天地)의 이치에 준하여 이마를 하늘로 턱을 땅으로 비유한다. 그래서 이마 맨 위 발제부분을 천중이라 하여 중요하게 생각하였다. 삼정이 균등하면 평생토록 무난하고 복이 있다.

1) 상정(上停)

발제(髮際)에서부터 눈썹까지를 상정이라 하며, 발제는 이마 맨 윗부분의 머리카락이 난 곳과의 경계선을 말한다.

2) 중정(中停)

눈썹에서 준두(準頭)까지의 부분을 중정이라고 하며, 준두는 코끝에 둥글게 살점이 맺혀 있는 부분이다.

3) 하정(下停)

코의 바로 아래 인중에서 부터 턱의 맨 아랫부분까지를 하정이라고 한다.

2. ▷ 관상의 기초 삼정(三停)은 균형과 조화를 본다.

삼정은 얼굴의 균형과 조화를 보는 것이다. 삼정이란 天, 人, 地의 균형을 보는 것이다. 天은 초년이고 하늘이고 정신이며 지위, 명예 등과 같은 무형적인 것을 말한다. 人은 중년이고 생활력이며 사람이 된다. 즉 가정이 되고 사람이 살아가는 현실적 상황이 된다. 地는 땅이고 재물이며 말년이고 사람이 살아가기 위한 터전이다. 그래서 재물과 환경과 터전을 말한다.

1) 上停(상정) 天, 貴

이마에서 눈썹 위 – 초년운 30세까지, 정신에너지, 생각, 사고력, 지적능력, 학습수용력 등

2) 中停(중정) 人, 壽

눈썹에서 코 – 중년운 31~50세까지, 본능에너지, 의지, 자아, 주체성, 주도성, 경쟁심리 등

3) 下停(하정) 地, 富

인중에서 턱 – 말년운 51~70세 이후, 물질에너지, 욕망, 물질적, 현실적, 육감적, 지구력, 끈기 등

상정이 좋으면 초년운 부모운 학업운 명예운이 좋으며 (官印)
중정이 좋으면 중년운 형제운 자수성가 가정운 직업운 (比劫)
하정이 좋으면 말년운 자식운 지구력과 재물운이 좋다 (食財)

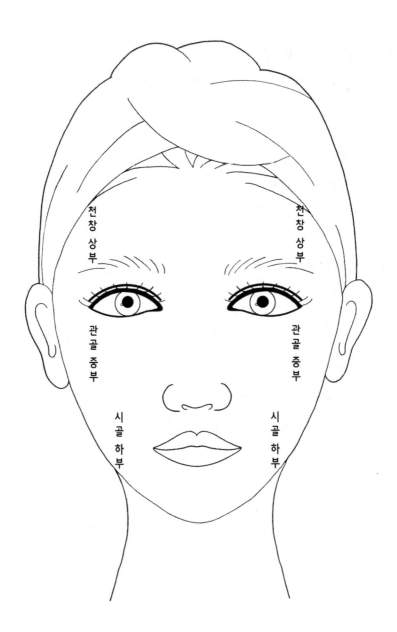

천창상부

천창상부

관골중부

관골중부

시골하부

시골하부

얼굴에서 육부란 이마의 양쪽과 양쪽 광대뼈 그리고 양쪽 턱 부분의 여섯 부위를 가리킨다. 천창상부(天倉上府)는 이마의 양쪽 가를 천창상부라 하며, 관골중부(觀骨中府)는 양쪽 광대뼈 부위를 관골중부라 하고, 이골하부(頤骨下府)는 양쪽 턱 부분을 시골하부(顋骨下府)라고도 한다. 六府(육부)는 모습이 충실하여 꽉 찬듯하고 꺼지거나 튀어나오지 않아야 좋다.

육부가 충실하고 균형이 맞으면 생활이 여유롭고 재산이 왕성하다. 이마의 양 부위인 천창 부위가 꽉 차고 풍성하면 부동산 복이 많고 양쪽 광대뼈인 관골중부가 적당히 발달하면 주변의 인덕과 조력이 있으며 턱의 양쪽 지각이 네모진 듯 둥글게 풍성하면 재물 복이 많다. 이와 같이 육부의 여섯 군데가 기울거나 빠진 곳이 없어 균형을 이루는 것이 중요하다.

◆ 관상에서 가장 중요하게 볼 것은 얼굴의 조화이다. 아무리 재백궁인 코가 좋고, 전택궁인 눈이 맑고, 부모조상의 덕을 이어 받는 이마가 좋고, 턱이 좋아 아랫사람을 다스리는 좋은 相을 가졌다고 해도 얼굴의 어느 한곳만 부각된다면 좋은 상이 아니다. 얼굴에 나타난 기운이 한쪽으로만 치우치면 편중되고, 태과불급이 되어서 오히려 매사가 불성이다.

4. ┑┐ 삼재(三才)

三才는 天地人을 의미한다. 상학에서 三才는 이마를 天, 턱을 地, 그리고 코를 人이라고 한다.

이마는 하늘이니 이마가 높고 넓으며 평평하고 둥근 것이 좋다고 하며 이마가 이와 같으면 귀한 사람이다.

　턱은 땅이니 모양이 네모진 듯 넓으면 부유하게 된다.

　코는 사람이니 위에서 아래로 반듯하게 자리 잡아야 하고 모양도 반듯해야 한다. 이와 같으면 장수 한다고 하였다.

　삼정, 육부, 삼재는 얼굴을 상하로 삼등분, 좌우로 이등분하여 논하는 것이다. 세 곳이 서로 균형을 이뤄야 한다. 골격과 상이 풍부하고 반듯해야 하며 색상도 윤택해야 좋은 것이다.

　상학(相學)에서 삼정을 보는 방법은 가장 좋은 상태에서 각 부분에 결함이 있으면 가감해 나가는 식으로 인생의 큰 흐름을 유추한다. 삼정에서 停은 머무를 정 자이다. 停자의 의미는 일정한 시기 동안의 운이 머물다 간다는 의미를 갖고 있다. 그러므로 상학에서는 삼정을 보면 인생의 초년, 중년, 말년의 운이 대략적으로 좋을지 안 좋을지를 알 수 있다. 상정(上停)은 초년의 운을 주관하고, 중정(中停)은 중년의 운을 주관하며, 하정(下停)은 말년의 운을 주관한다. 삼정이 균등하면 부귀영현(富貴榮顯)하다고 하였으며 삼정이 부족한 부분은 그만큼 복이 감하니 관상이 좋으려면 삼정의 길이가 균등해야 한다.

　삼정의 균형이 맞으면 다음으로 육부(六府)의 모습이 충실하여 꽉 찬 듯하고 꺼지거나 튀어나온 부분이 없으며 육부의 여섯 부분이 세로로 서로 연결이 되어야 한다. 이마의 양쪽 가장자리와 양쪽 광대뼈 사이에 골격이 끊어진 듯이 들어간 곳이 있으면 좋지 않다. 서로 에너지가 연결되지 않은 것이니 그만큼 복이 감해진다.

　육부에서 이마의 양쪽 가장자리의 이름은 천창상부(天倉上府)라고 한다. 천창이란 하늘의 창고란 의미이다. 삼재에서 이마를 天이라 하므로 삼정이 비슷하더라도 이마의 양쪽 가장자리가 빈약하다면 창고가 작은 것이다. 작은 창고에는 재물을 많이 쌓을 수 없다. 그러므로 이마는 반듯하게 가장자리까지 잘 발달되어 있어야 좋은 것이다. 다른 부분도 이와 같이 생각한다. 이마는 남녀에 따라 좋은 상을 다르게 본다. 남자는 양(陽)이니 이마가 높고 반듯해야 한다. 여자는 음(陰)이니 이마가 너무 높거나 속칭 뒷박이마처럼 불쑥 튀어나오면 안 좋다. 솟아오르고 튀어나오는 것은 양의 특성이니 여자의 이마가 이와 같다면 남편을 이기려 하고 너무 능동적인 행동을 하게 되어 부부관계가 원만치 않게 되기 쉽다. 이와 같이 상을 볼 때는 남자와 여자에 따라 음양(陰陽)과 오행(五行)의 이치를 생각하여 참작을 하여야 한다.

코는 人이니 자신을 의미한다. 코는 일면지주(一面之柱)라 하여 사람의 얼굴을 대표하는 기둥이다. 자아의식이 강한 사람을 콧대가 높다고 말하듯이 코는 그 사람의 주체성을 상징한다. 코가 반듯하고 주변과 조화가 잘 이루어졌으면 인격자요 귀한사람이다. 그러나 다른 곳은 빈약한데 코만 너무 크면 균형이 깨진 것이니 너무 자아의식이 강하여 좋지 않다. 코는 재백궁(財帛宮)이며, 배우자를 가름하는 척도가 되는 곳이기도 하다.

턱은 地에 해당되니 반듯하고 널찍해야 부자가 된다. 땅이 널찍해야 농사를 풍요롭게 지을 수 있는 것이니 턱이 풍성해야 부동산이 많을 수 있는 것이며 부유해질 수 있는 것이다. 또한 비옥한 땅에서 농사를 지으면 결실이 많은 것이니 턱이 풍성해야 자식 농사도 잘된다.

삼정의 길이가 같으면 일단은 기본 조건은 갖추었다고 본다. 그리고 육부를 살펴보고 상정, 중정, 하정에 결함이 없는지 살펴본다. 삼정의 길이가 비슷하지 않은 사람이 많다. 그리고 삼정의 길이는 비율이 맞았는데 이마가 옆으로 좁고 뾰족하거나 어느 부분이 움푹 들어갔거나 피부가 거친 경우나 색이 어두운 경우도 볼 수 있다. 모든 부위의 모습이 반듯하고 흉터나 흠집이 없고 피부색과 빛이 좋으면 인생이 순탄하고 기본적으로 좋은 인생을 살아가는 조건을 갖추었다고 본다.

상정(上停)인 이마에 움푹 들어간 곳이나, 상처가 있거나, 이마가 뾰족하다면 지금의 생활이 비교적 순탄 하더라도 초년에 일시적 어려움이 있었다고 본다. 상정이 좁다면 초년의 운세가 좋지 않아 대체로 윗사람의 인덕이 부족하며 부모의 덕이 부족하고 직장인은 상사의 조력이 부족한 경우가 많다. 여성의 경우 간문과 코와 더불어 배우자 복을 보는 부분 중의 한 곳이며, 이마가 좁으면 남편 복이 부족한 경우가 많다.

중정(中停)에 결함이 있으면 중년기에 어려움이 있다고 본다. 중정이 짧으면 중년기의 운세가 좋지 않다고 보는데, 중정은 배우자와 친구나 동료관계를 보는 곳이기도 하다. 중정이 약한 경우 남녀 모두 배우자의 덕이 부족한 경우가 많다.

하정(下停)에 결함이 있으면 말년에 어려움이 있다고 보며, 하정이 짧으면 말년의 운세가 좋지 않다고 본다. 하정은 또한 아랫사람의 관계를 보는 곳이니 부하나 후배의 덕이 부족할 수 있다. 하정이 짧거나 결함이 있으면 중년에 노력한 결과로 얻은 재산을 잘 비축하여 부족한 말년에 미리 대비하여야 할 것이다.

삼정의 길이가 같은 경우 얼굴의 각 부분을 보고 그것이 의미하는 내용과 해당되는 시기의 좋고 나쁨을 보아야 하며, 만약 삼정의 길이가 차이가 난다면 삼정이 같은 사람보다 타고난 복이 적은 것이다. 삼정을 볼 때 이마가 유달리 넓은 사람은 어떻게 볼 것인가? 모든 것은 상대적이다. 이마가 다른 곳보다 넓다는 것은 반대로 생각하면 중정과 하정이 짧은 것이 된다. 이런 경우 초년에는 발전하나 중정과 하정에 속하는 시기에는 초년보다 못하게 된다. 달리 말하자면 상정이 다른 부위에 비하여 너무 강하므로 윗사람의 과중한 관심을 감당하지 못하여 해가 될 수도 있다. 너무 많은 것은 부족한 것보다 못하기 때문이다.

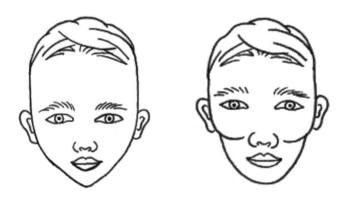

상정이 너무 발달하면 과도한 하늘의 하중을 이기지 못하여 운이 약해지고 수명도 길지 못하다. 또한 중정이 지나치게 길거나 크면 자아가 너무 강하여 고독해지며 겁재운(劫財運)이 턱을 누르므로 가난을 면치 못하게 된다.

상이 좋다는 것은 자연을 닮았느냐 자연을 거슬렸느냐하는 것이다. 상정의 이마가 좁고 주름이 많고 굴곡이 많은 경우는 초년고생이 심하고 학업운이 좋지 않은 것을 말한다. 눈썹이 너무 진해도 학업운에 어려움이 많다. 이마가 좋으면 가정교육을 잘 받은 것이다. 이마의 중간(중정, 사공)이 들어가면 직업운이 좋지 않은 것이니 큰 명예가 따르지 않는다. 여자가 이마가 너무 넓으면 양(陽)이 강한 것이니 남자와 같은 것이다. 그러므로 남자의 역할을 해야 하고 남편 복이 없고 남자에게 사랑받지 못하는 팔자이니 되는 일이 없고 평생 고달프게 살아야 한다. 이마 중간(중정, 사공)이 특히 튀어나오면 가정운이 약하여 이별하게 되고 고독하기 쉽다.

중정은 자기 자신을 나타내는 것이고 중년운으로 스스로의 능력과 운을 본다. 중정이 약하면 자기 자신을 개척하기 힘들고 주체성이 없어서 능력 발휘가 안 된다. 중정이 좋으면 스스로의 능력으로 자수성가 하게 된다.

하정이 약하면 지구력이 약하고 몸이 약하다. 반대로 하정이 특히 넓적하면 욕심이 많다. 콧대가 쭉 뻗었으면 추진력이 있고 개인적 능력이 강하다. 개성이 강한 사람은 귀가 뒤집어져 있고 자기주장이 강하다.

5. 삼정육부의 관상미용관리법

관상에서 가장 중요한 것은 균형과 조화이며, 얼굴을 삼등분하여 얼굴의 조화를 보는데 이를 삼정이라 한다.

삼정이란 천(天), 인(人), 지(地)의 균형을 보는 곳이다.

천(天)은 초년으로 하늘이고 정신을 관장하고 지위 명예등과 같이 무형적인 것을 보는 부위로 상정이 된다. 인(人)은 중년으로 사람이 된다. 즉 가정이 되고 사람이 살아가는 현실적 상황이 되며 중정이 된다. 지(地)는 말년으로 사람이 살아가기 위한 터전이다. 그래서 재물과 터전을 보고 환경을 보며 하정이 된다.

따라서 얼굴을 가로로 삼등분하여 상정, 중정, 하정으로 그 조화로움과 균형을 보는 것을 삼정이라 했으니 삼정이 고르게 잘 발달하여야 인생의 초년부터 중년을 거쳐 말년까지 일생을 부귀장수 할 수 있다.

1) 천창상부관리(이마관리)

얼굴에서 상정의 부위는 이마 발제부위부터 눈썹까지를 말한다.

상정의 대부분은 이마가 차지하고 있으므로 인생의 초년의 기운으로 전적으로 이마 사정에 달려 있다고 보면 된다. 상정에서는 주로 선천 운으로 부모와 조상 운을 말하며 태어나서 30세까지의 운으로 길흉의 여부는 상정의 사정에 따라 판단한다.

상정에는 명궁, 관록궁, 부모궁, 복덕궁, 천이궁이 자리하고 있으며 한사람이 일생을 살아가는데 필요한 정보를 이마의 각 부위를 통하여 알아볼 수 있다.

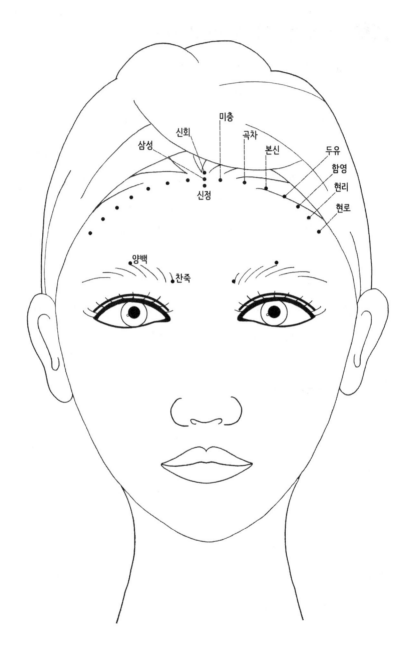

신회 미충
삼성 곡차 본신 두유
함영
현리
신정 현로
양백
찬죽

관상미용학적으로 이마는 넓고 적당히 높으며 흉터나 어지러운 주름이 없고 혈색이 밝고 맑으면 하는 일이 잘된다고 하였으니 이마는 그 사람의 지성과 성품을 나타내고 사회적 성격표현으로써의 기능을 담고 있다.

넓고 둥근 이마는 성적 매력과 순수함을 동시에 내포하였고 관찰력과 직감력이 뛰어나 행동으로 옮기는 강한 활동성을 지녔기에 성공과정이 남보다 순탄하므로 좋은 이마로 평하며 다음으로는 평범하게 일직선인 이마로 성격이 솔직하면서도 상상력이나 기억력이 뛰어나고 부지런한 사람이라 볼 수 있으며 돌출된 이마는 마음이 너그럽고 사색적이며 매사에 꼼꼼하고 착실한 유형의 사람이라 할 수 있다. 그러나 둥글다고 해도 바가지를 엎어놓은 듯 지나치게 볼록한 이마는 실패수가 많이 따르므로 좋지 않게 본다. 또한 너무 넓은 이마는 상대방에게 호감을 주고 활동적이긴 하지만 나이가 들어감에 따라 빨리 늙어 보이는 단점이 있으며, 반면 좁은 이마는 답답해 보이기는 하지만 나이보다 젊어 보이고 귀여운 인상을 주는 장점도 있다.

이마 표면이 울퉁불퉁하고 색이 어두워지는 것은 신장과 방광에 독소가 축척된 것이며, 감정 변화가 심하거나 과중한 업무로 인하여 긴장과 스트레스 속에서 생활을 하여 심장에 과부하가 생긴 것이며 정신 건강상태가 편하지 못한 사람이다. 따라서 이마의 상태는 감정변화로 인한 주름살과 반복된 표정의 결과물이라고 볼 수 있다. 그러므로 이마에 주름이 생기는 것을 자연스런 노화 현상으로 보지 말고 두뇌건강을 위해서도 이마 관리를 잘해야 한다. 남녀를 막론하고 이마가 잘 생겼다하더라도 잔털이 많으면 근심 걱정이 따를 수 있으므로 관상미용마사지 후에는 반드시 잔털은 깨끗하게 면도를 해 주는 것이 좋다.

천창상부(이마) 관리는 명궁, 관록궁, 부모궁, 복덕궁, 천이궁(역마궁)까지 동시에 관리를 해야 한다.

(1) 양손바닥을 비벼서 열을 낸 후 왼손 중지와 약지를 벌려서 양쪽 눈썹 산의 위치에 올려놓는다.

(2) 오른손 엄지를 이용하여 왼쪽방향으로 가볍게 명궁부위(인당혈)를 풀어준 후 압을 가하면서 위를 향해 지그시 눌러준다. 같은 방법으로 오른쪽 방향으로 가볍게 명궁부위(인당혈)를 풀어준 후 압을 가하면서 위를 향해 지그시 눌러준다. 미간의 주름 정도에 따라 반복적으로 여러 번 해도 상관없다.

(3) 이어서 명궁에서 관록궁 부위를 지나 발제부위까지 3등분하여 피부 표면을 살짝 끌어당기듯이 올려준 후 왼손 엄지를 오른손 엄지에 올려놓고 둥글리면서 압을 가해 신정혈 부위를 지그시 눌러준다.

(4) 동작을 연결하여 명궁에서 관록궁을 지나 발제부위까지 3등분하여 양손 바닥을 넓게 이용하여 피부 표면을 살짝 끌어올려주듯이 리듬마사지를 실시한 후 발제 부위(신정혈)를 넓게 오른손 장근(손목 관절에서 손바닥이 연결되는 부위) 위에 왼손 장근을 올려놓고 둥글리면서 압을 가해 지그시 눌러준다.

(5) 부모궁은 찬죽혈을 시작으로 곡차혈을 향해 3등분하여 같은 방법으로 실시한 후 이어서 복덕궁도 양백혈을 시작으로 본신혈을

향해 3등분하여 같은 방법으로 관리를 한다.

(6) 오른쪽을 향해 얼굴을 돌린 후 왼손 중지와 약지를 벌려서 왼쪽 천이궁인 관자놀이(사죽공혈) 위치에 올려놓는다. 오른손 중지와 약지를 모아 왼쪽방향으로 가볍게 천이궁 부위를 풀어준 후 압을 가하면서 위를 향해 지그시 눌러준다. 같은 방법으로 오른쪽 방향으로 가볍게 천이궁 부위를 풀어준 후 압을 가하면서 위를 향해 지그시 눌러준다. 천이궁의 주름 정도에 따라 반복적으로 여러 번 해도 상관없다.

(7) 동작을 연결하여 천이궁을 지나 이마부위 끝까지 3등분하여 같은 방법으로 피부 표면을 살짝 끌어당기듯이 올려준 후 왼손 엄지를 오른손 엄지에 올려놓고 둥글리면서 압을 가해 지그시 눌러준다.

(8) 왼쪽 천이궁을 지나 이마부위 끝까지 3등분하여 피부 표면을 살짝 끌어올려주듯이 손바닥을 이용한 리듬마사지를 실시한 후 천이궁 끝점부위(현로혈)에 오른손 장근을 올려놓고 그 위에 왼손 장근을 올린 후 둥글리면서 압을 가해 넓게 지그시 눌러준다.

(9) 왼쪽을 향해 얼굴을 돌린 후 오른쪽 천이궁도 (6) (7) (8)과 같은 방법으로 관리해 준다.

(10) 얼굴을 정면으로 원위치 시킨 후 양손 주먹을 가볍게 쥐고 엄지를 제외한 사지의 둘째마디 뼈를 이용하여 눈썹을 기준으로 이마 시작부분까지 3등분하여 파동을 이용하여 긁어 주듯이 가볍게 피부표면을 마사지 한다.

(11) 동작을 연결하여 양손을 넓게 이용하여 왼쪽 천이궁에서 명궁을 향하여 이마전체를 넓게 리듬마사지를 실시 한 후 오른쪽 천이궁에서 명궁을 향하여 이마전체를 넓게 리듬마사지 하고 명궁에서 관록궁을 지나 발제까지 넓게 리듬마사지를 실시하며 오른손 장근 위에 왼손 장근을 올려놓고 왼손의 힘을 이용하여 신정혈 부위를 지그시 눌러준다.

(12) 양손 엄지와 장지를 이용하여 이마 전체를 꼼꼼하게 꼬집어 튕겨주는 동작을 한 후

(13) 양손바닥을 비벼서 열을 낸 후 명궁과 관록궁을 기준으로 양손을 맞댄 후 양쪽 천이궁을 향해 손바닥을 넓게 펴면서 압을 가해 자연스럽게 힘을 빼주며 마무리 한다.(3회 실시한다)

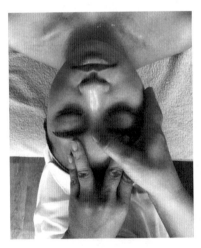
명궁 풀어주기

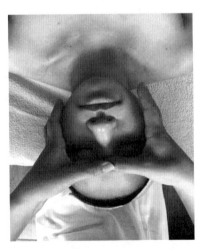
관록궁 풀어주기①

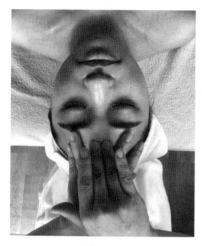

관록궁 풀어주기②

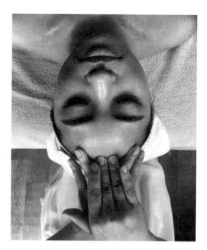

발제 누르기

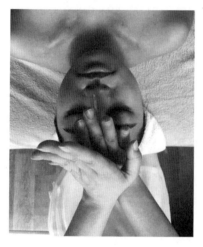

장근 올리기

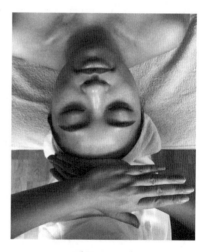

장근 누르기

이마의 주름살을 펴주고 이마를 윤택하게 만들어 주면 직장인은 승진을 남보다 빠르게 하며 주변 사람들로부터 존경을 받게 될 것이며, 여성의 이마가 맑고 깨끗하면 남편의 권위와 출세가 보장되며, 이마의 색이 맑고 머리를 가지런히 정리하고 공부를 한다면 학생은 성적이 오르고, 머리가 맑아지므로 가끔씩 오는 두통까지도 줄일 수 있으며, 이마는 좌골 신경이 이어지고 있는 선골과 장골에 대응한다. 따라서 이마 전체를 반복해서 마사지를 해준다면 허리에서 넓적다리까지의 좌골신경통이 완화되고 발끝까지 이어지는 통증 완화에도 상당히 도움을 주기에 건강 면에서도 많은 도움을 얻을 수 있다.

만약 성인이 이마에 여드름이 심하다면 과중한 업무로 인한 스트레스와 잦은 음주, 불규칙적인 식사나 수면장애, 당분이 많은 음식을 섭취한 경우이거나, 여성은 생리나 임신 등의 호르몬의 불균형 때문 일 수 있으며 청결하지 않은 베개로 인한 세균이 원인 일 수가 있다. 또한 향이 강한 샴푸 및 헤어제품이나 머리카락으로 인한 자극도 요인이 된다. 따라서 앞머리가 이마를 덮는 헤어스타일을 한 사람은 저녁에는 반드시 헤어밴드를 하여 이마를 밝혀 주는 것이 피부색 회복과 이마건강에 좋으며 훈제식품, 튀김 음식, 당분이 많은 음식은 피하고 신선한 과일이나 채소와 함께 균형 잡힌 식사와 충분한 휴식이 필요하다.

전두부와 후두부의 근육이 균형을 잃으면 이마에 주름이 생기는데, 전두부 뿐만 아니라 후두부도 같이 움직여 앞뒤의 근육이 균형을 이루도록 해야 한다. 이마 스트레칭으로 표정근을 풀어주는 것이 필요한데 이마스트레칭을 하면 혈액의 흐름이 좋아지므로 이마의 여드름 및 탈모 등도 해결할 수 있다.

- 이마운동법 : 입을 자연스럽게 다물고 어금니를 가볍게 붙인 후 5초에 걸쳐 천천히 눈을 가늘게 해서 실눈을 만든 다음 양쪽 눈을 깜짝 놀란 표정으로 흰자가 모두 보일 수 있을 만큼 크게 뜨면서 동시에 눈썹도 5초에 걸쳐 위로 끌어 올린 후 5초 동안 이 상태를 유지한 후 천천히 눈의 힘을 뺀다. 같은 동작을 3회

이상 반복 한다.

2) 관골중부관리

중정은 눈썹부터 코끝까지를 말하며 나이로는 31세에서 50세까지를
말한다. 중정에는 눈, 코, 산근과 관골이 모여 있는데 이시기가 인생에서
가장 중요하다.

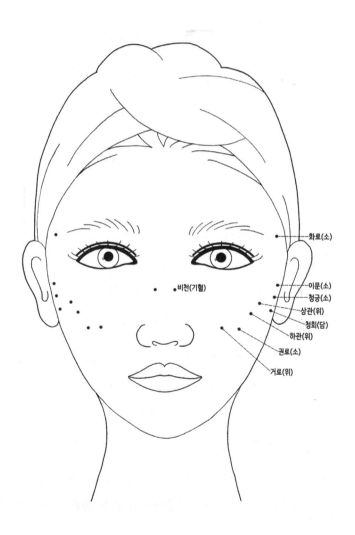

화료(소)

이문(소)
청궁(소)
상관(위)
청회(담)
하관(위)

비천(기혈)

권료(소)

거료(위)

관상학적으로 관골이 지나치게 돌출되면 팔자가 드세 보이며 부부정이 없고, 반대로 푹 꺼지면 성정은 온순하지만 궁핍하게 살아갈 수 있으니 관골은 적당하게 돌출되어야 한다. 좋은 관골은 자신의 이마 정면으로 보았을 때 앞쪽보다 낮아야 하고 이마 옆쪽으로 보았을 때 너무 도드라져 보여도 안 된다. 좋은 관골은 코와의 조화가 가장 중요하기 때문에 코 마사지와 관골 마사지는 자연스럽게 연결하여서 도드라져 보이지 않도록 하는 것이 중요하다.

대부분의 사람들은 광대뼈가 어떻게 변할 수 있냐고 반문하지만 우리 얼굴의 뼈도 일정한 배열로 되어 있기에 후천적으로 변화가 가능하다. 그러므로 볼을 감싸고 코와 어우러진 부드러운 관골을 만들기 위하여 관상미용관리법을 이용하여 다듬어 보자.

관골중부관리법

(1) 양손바닥을 비벼서 열을 낸 후 엄지를 제외한 양손의 나머지 손가락 끝 전체를 이용하여 관골 시작점인 코 옆(영향혈) 부위부터 관골 끝점(권료혈)인 귀 옆 광대뼈까지 사선으로 지그시 눌러준다.(같은 동작을 3회 실시한다)

(2) 동작을 연결하여 광대뼈 시작점부터 귀 밑 움푹 들어간 부위(하관혈, 청회혈, 상관혈, 청궁혈, 이문혈)까지 넓게 압을 가하며 광대뼈사이 골을 파는 느낌이 들도록 손가락 끝을 세워서 지그시 눌러준다.(같은 동작을 3회 실시한다)

(3) 양손을 가볍게 주먹을 쥐고 엄지를 제외한 나머지 손가락 둘째마디 튀어나온 부위를 이용하여 둥글게 원을 그리듯이 압을 주

면서 광대뼈 전체를 꼼꼼하게 위를 향하여 꾹 눌러준다.(같은 동작을 3회 실시한다)

(4) 주먹 쥔 그 상태로 아래에서 위를 향하여 광대뼈부위 전체를 파동을 이용하여 꼼꼼히 끌어 올려 주는 동작을 한 후 지그시 압을 주며 누른다.(같은 동작을 3회 실시한다)

(5) 동작을 연결하여 왼쪽 관골부터 관골부위를 3등분하여 광대뼈 근육을 끌어올리는 느낌으로 바이브레이션 동작을 한 후 귀 옆 가운데 이문혈을 오른손 사지를 모으고 그 위에 왼손 장근을 올려놓고 지그시 눌러준다.(같은 동작을 3회 실시한다)

(6) 오른쪽 관골도 (5)와 같은 방법으로 관리를 한다.

(7) 얼굴을 오른쪽으로 돌린 후 양손을 교차로 양손 엄지를 제외한 손가락 전체를 이용하여 왼쪽 광대뼈안쪽부터 바깥쪽인 귀를 향하여 반원을 그리듯 크게 끌어올리는 느낌으로 둥글게 마사지를 한 후 오른손 사지 위에 왼손을 장근을 올려놓고 둥글리면서 귀 옆을 지그시 눌러준다.(같은 동작을 3회 실시한다) 오른쪽 관골도 방법으로 관리를 한다.

(8) 얼굴을 정면으로 원위치 시킨 후 양쪽 광대 끝점인 귀 옆을 양손 중지와 약지를 모아 지문을 이용하여 8자를 그리는 동작으로 8회 넓게 마사지를 하여 풀어주고 귀 옆을 지그시 눌러준다. 같은 방법으로 작은 8자 모양으로 8회를 실시한다.

(9) 양손 엄지와 중지를 이용하여 관골 전체를 꼼꼼하게 꼬집어 튕겨주는 동작을 한다.

(10) 양손바닥을 비벼서 열을 낸 후 코를 기준으로 양손을 맞댄 후 귀를 향해 손바닥을 넓게 펴면서 압을 가해주면서 양쪽 귀를 향해 자연스럽게 힘을 빼 주며 마무리 한다.(같은 동작을 3회 실시한다)

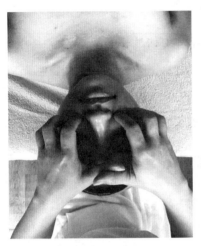

광대뼈사이 골 파기

영양혈 누르기

관골 바이브레이션

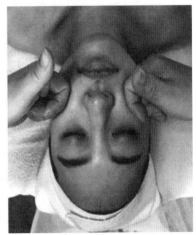

파동으로 광대 올리기

꾸준히 관골중부 관리를 하면 각이 지고 돌출되었던 뼈들이 자연스럽게 제자리로 돌아가서, 강하게 보였던 얼굴이 부드러워 보이고 꺼져서 밋밋하게 보였던 관골이 입체감 있게 수축되므로 얼굴형이 작아 질뿐만 아니라 얼굴의 균형을 잡아 주게 된다.

3) 시골하부관리

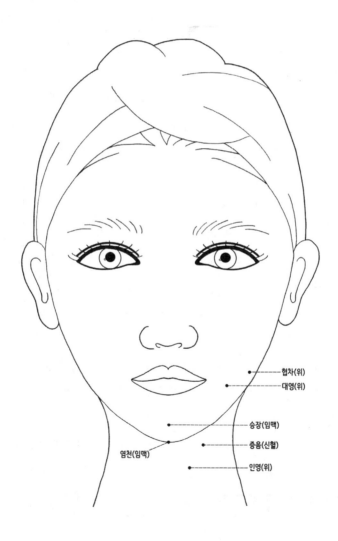

하정은 인중부터 턱 끝까지를 말한다. 하정이 지배하는 나이는 51세부터 70세 이후를 말하므로 인생의 마무리 과정에 해당 된다.

관상학적으로 턱은 말년의 운세와 함께 부하나 자녀와의 관계를 보며 애정의 에너지를 표현한다.

전통적으로 턱은 U자형의 턱을 가장 이상적으로 보고 있으나 이 시대에는 미인의 첫 번째 조건이 작은 얼굴에 V라인이 되어 신체적 조건이나 이목구비와 상관없이 턱을 깎아내는 것이 유행이 되고 말았으니 양악수술이나 하악 수술을 하여 소위 "강남형"이라는 새로운 얼굴형이 탄생하였다. 하지만 수술을 통한 얼굴은 시간이 지나면서 흐트러지고 무너지게 된다. 그러나 우리는 관상미용관리를 통하여 턱을 깎아내지 않고도 아름답고 건강하고 탄력 있는 세련된 동안 얼굴을 만들어 낼 수 있다.

먼저 턱의 모양과 발달 정도에 대하여 알아보자. 턱 모양은 식습관과 성격에 제일 관련이 깊은데 턱을 보고 신체의 건강과 가정 운을 알 수 있고 직업과도 밀접한 관계를 가지고 있다.

턱의 모양은 다른 부위보다 쉽게 변할 수 있기에 성형으로 무리하게 깎아내지 말고 본인 턱이 넓고 발달해서 만족도가 떨어진다면 식습관부터 바꾸는 지혜가 필요하다.

육식을 좋아하고 딱딱한 음식을 좋아하는 사람은 사각턱으로 성격이 공격적이며 승부욕도 강하여 운동선수나 사업가가 많고, 채식과 부드러운 음식을 선호하는 사람은 상대적으로 턱이 강하게 발달되지 않기 때문에 턱이 좁고 짧은 편이며 지구력과 추진력이 부족하여 이성적이며 치밀함을 요구하는 직업에 종사하는 사람이 많다.

이렇듯 얼굴형과 직업도 서로 밀접한 관계가 있기에 얼굴형에 맞고 좋은 운기를 함께 가지고 갈 수 있는 아름답고 매끈한 건강한 턱 선을 만드는 것은 매우 중요하다.

시골하부 관리는 인중, 턱, 턱 라인을 동시에 관리한다.

(1) 양손바닥을 비벼서 열을 낸 후 인중(수구혈)에 오른손 엄지를 대고 왼쪽방향으로 가볍게 인중을 풀어준 후 압을 가하면서 위를 향해 지그시 눌러준 후 같은 방법으로 오른쪽 방향으로 가볍게 인중을 풀어준 후 압을 가하면서 위를 향해 지그시 눌러준다.(인중의 주름 정도에 따라 반복적으로 여러 번 해도 상관없다)

(2) 동작을 연결하여 코 옆(영향혈)과 입 주변(지창혈)을 둥글리면서 지그시 눌러 3회씩 풀어준다.

(3) 오른손 엄지손가락 첫째 마디 튀어나온 뼈를 이용하여 인중 홈을 좌우로 수회 둥글리면서 지그시 반복적으로 풀어준다.

(4) 동작을 연결하여 입술 중앙에서 좌. 우 윗입술 끝을 향해 잇몸 위 부분을 넓게 아래에서 위를 향해 양손 주먹을 가볍게 쥐고 손가락 전체 둘째 마디 튀어나온 뼈를 이용하여 파동을 타고 잇몸 근육을 풀어준 후 관골을 향해 위로 끌어올리는 동작으로 지그시 눌러준다.(3회 실시한다)

(5) 입술을 사이에 두고 잇몸 부위와 턱 부위를 양손 엄지를 이용하여 지그재그로 8회 마사지를 한 후

(6) 검지와 중지 사이에 입술을 끼워 좌우로 양손을 번갈아 가면서 지그재그로 양쪽 입술 끝에서 양쪽 입술 끝을 향해 8회 반복적으로 마사지를 한 후 인중 홈과 턱 부위를 양손 엄지를 이용하여 동시에 둥글리면서 지그시 눌러준다.

(7) 동작을 연결하여 오른손 사지를 턱 밑(염천혈)에 놓고 왼손 사지의 힘을 이용하여 턱을 위(승장혈)로 가볍게 당겨주는 동작을 하면서 턱 밑을 지그시 꾹 눌러준다.(3회 실시한다)

(8) 동작을 연결하여 오른손 사지를 이용하여 턱 선 중앙에서 왼쪽 턱 선을 따라 귀 밑까지 턱 근육을 끌어올려주는 동작을 8회 한 후 왼손 사지를 오른손 사지 위에 올려놓고 지그시 압을 준다.(3회 실시한다)

(9) 오른쪽 턱 선도 (8)과 같은 방법으로 3회 실시한다.

(10) 다음으로 턱 선 전체와 입술 사이에 양손의 엄지를 이용하여 인중과 아래턱을 기점으로 평행선을 그리듯이 힘차게 반복적으로 마사지를 한 후 인중과 아래턱을 동시에 지그시 위를 향해 눌러준다.(같은 동작을 3회 실시한다)

(11) 턱 밑을 기점으로 양 턱 선 아래쪽을 양손 엄지를 제외한 손가락 면을 이용하여 귀밑까지 밀어서 위로 끌어당기는 동작을 강약을 조절하면서 8회 한 후 귀 밑에 압을 가해 지그시 눌러준다.

(12) 동작을 연결하여 왼쪽 턱 선을 양손 엄지를 턱 선 위에 끼우고 검지를 포함한 나머지 손가락을 모아 턱선 아래 사이에 끼고 턱 선 중앙에서 왼쪽 턱 선을 따라 왼쪽 귀 밑까지 교차로 끌어올리는 동작을 8회 한 후 지그시 압을 준다.

(13) 오른쪽 턱 선도 (12)와 같은 방법으로 실시한다.

(14) 그 다음 양손을 가볍게 주먹을 쥐고 턱 중앙을 기점으로 귀를 향해 3등분 한 후 양쪽 턱 선을 파동마사지를 하며 올라가면서 귀 밑에서 주먹을 쥔 상태로 지그시 눌러준다.(같은 동작을 3회 실시한다)

(15) 양손 전체의 손가락 힘을 뺀 후 손가락 끝을 이용하여 왼쪽 턱 라인을 자연스럽게 아래에서 위를 향하여 바이브레이션 동작을 반복적으로 빠르게 8회 실시한 후 귀 밑에 압을 가해 지그시 눌러준다. 같은 방법으로 오른쪽도 실시한다.

(16) 양손 엄지와 중지를 이용하여 시골하부 전체를 꼼꼼하게 꼬집어 튕겨주는 동작을 한다.

(17) 양손바닥을 비벼서 열을 낸 후 입을 기준으로 양손을 맞댄 후 귀 밑을 향해 손바닥을 넓게 펴 압을 가하면서 목 옆 선을 향해 자연스럽게 힘을 빼준다.(같은 동작을 3회 실시한다)

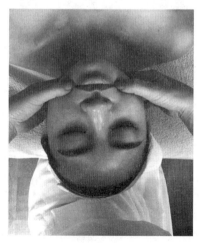

지창혈 누르기

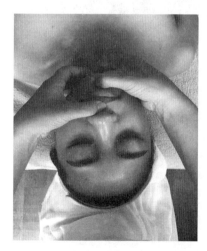

수구혈, 승장혈 누르기

턱 근육 끌어올리기

턱 올리기 바이브레이션

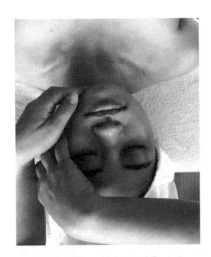

귀 밑까지 교차로 끌어올리기

양손 맞대기

　턱은 목선과 턱 선이 분명하게 구분되어야 한다. 턱은 간의 기능과
도 깊은 관련이 있고 근육과 신경을 지배하고 있다. 스트레스가 쌓여 신
경이 과민해진 경우에 턱 마사지를 하면 긴장이 풀어지면서 편안함을

압 가하기   마무리 동작

느낄 수 있다. 턱은 적당히 살집이 있고 빛이 맑고 깨끗해야 하므로 여드름이나 트러블의 자국이 있으면 미용 팩을 해주고 여성의 턱에 잔털이 있는 것은 좋지 않다고 보니 면도를 해주는 것이 좋다. 턱이 너무 각이 져도 강해보이고, 너무 둥글어도 착해만 보이고, 넓으면 얼굴이 더 커 보이고, 짧으면 박해 보이고, 길으면 늙어 보이니 탄력 있고 부드러운 턱 선으로 원만하고 세련된 얼굴을 만들어 보자.

이중 턱은 자칫 심술장이처럼 보일 수가 있다. 이중 턱이 만들어지는 원인은 근력의 저하가 원인이다. 턱에 지방이 붙어 그 무게로 살이 늘어지면서 살이 안찐 사람도 이중 턱이 된다. 턱의 근력을 길러서 이중 턱을 없애면 얼굴의 크기도 확연하게 작아짐을 느낄 수 있으니 다음과 같이 스트레칭을 해주면 좋다. 등을 곧게 펴고 5초에 걸쳐 천천히 머리를 뒤로 젖혀 천장을 보며 하나, 둘에 입을 벌리고 혀를 곧게 내민 후 5초 동안 유지한다. 같은 동작을 3회 이상 반복적으로 한다. 귀 연골 비비기와 함께 해주면 작은 얼굴 만들기에 매우 효과적이다.

Self Beauty Physiognomy Care

Self Beauty Physiognomy Care

Self Beauty
Physiognomy Care

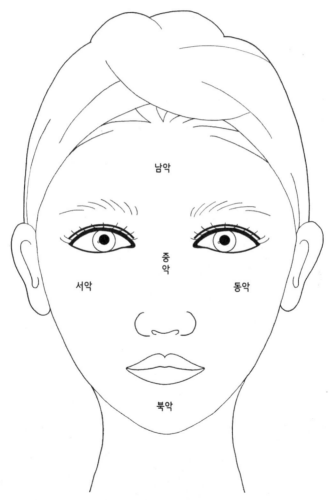

남악

중악

서악   동악

북악

※ 오악이란 얼굴에서 풍요로워야 하는 다섯 곳이다.

1. 오악(五岳)이란?

오악이란 얼굴의 솟아오른 곳으로 다섯 개의 봉우리를 말한다. 코, 이마, 턱, 양쪽 관골의 다섯 부위로 둥글게 솟아 살로 잘 덮여 있어야 한다. 오악의 명칭은 중국의 오대산(五大山)에 비유한 것인데 잘 발달하고 높은 것을 좋은 것으로 본다.

가) 南岳(남악) 형산－이마

나) 北岳(북악) 황산－턱

다) 中岳(중악) 숭산－코

라) 東岳(동악) 화산－좌측광대뼈(남자－좌측, 여자－우측 관골)

마) 西岳(서악) 태산－우측광대뼈(남자－우측, 여자－좌측 관골)

五岳(오악)은 골육이 높고 풍만해야 부귀한다. 오악에 사마귀 흉터 점 등이 있으면 불길하여 좋지 못 하다. 오악은 중악을 중심으로 잘 조응하고 또한 사고(四庫)와 조응하여 조화를 잘 이루면 일생 어려움 없이 발전하여 부귀공명 한다. 오악이 조응하지 못하고 틀어지면 배반 하는 형상으로 일생 장애가 많고 고독하여 빈천하게 된다.

얼굴에서 중앙인 코는 자신을 의미 하므로 산처럼 솟은 코를 동서남북에서 이마. 턱, 양쪽 관골이 풍성하게 솟아올라 풍요롭게 감싸주어야 한다.

1) 중악(中岳) : 코

오악 중 중앙인 코가 주 봉우리이다. 코는 주인이므로 우뚝 솟고 웅장하고 위세가 있어야 한다. 주변의 4악은 중악을 향하여 조공을 바치듯이 응하며 4악 역시 풍요로워야 한다. 중악이 너무 약해 위세가 없으면 주인이 약하고 객이 잘난 격이니 운세가 막힌다. 이런 사람은 위엄과 권세가 없으니 대귀하게 되지 못한다. 중악인 코가 우뚝해야 부귀 장수 한다. 힘없이 긴 코는 70세 정도의 중수는 가능하지만 짧고 빈약한 코는 성공하기도 힘들고 장수하기도 힘들다. 그러나 중악이 아무리 잘생기고 위세가 있어도 주변의 4악이 빈약하거나 나지막하거나 꺼지면 주변에서 받쳐주는 세력이 없어 외롭고 고독하고 빈약한 인생을 살게 된다.

2) 남악(南岳) : 이마, 북악(北岳) : 턱

이마는 하늘, 턱은 땅을 상징하므로 이마와 턱이 뒤로 뒤집어 지지 않고 중악을 향해 동그랗게 솟아 서로 응하면 부부금슬이 좋다. 턱이 나온 사람은 자신의 배우자에게 헌신적이다. 이와 반대로 남악과 북악이 뒤집어지고 후퇴한 사람은 대체로 애정운이 좋지 못하고 고독하다.

3) 동악(東岳) : 좌측광대뼈, 서악(西岳) : 우측광대뼈

동 서악인 광대뼈도 적당히 솟아올라 양쪽에서 코를 감싸야 한다. 광대뼈가 잘 발달해야 배짱도 두둑하고 자신감과 추진력이 강한데 그 기운이 귀에서부터 신장의 기운이 광대뼈를 타고 올라오기 때문이다. 이런 사람은 신장의 기운이 강하기 때문에 정력도 좋고 오래 산다. 그러나 너무 많이 솟으면 광폭하고 거칠어지므로 적당하게 풍요롭게 솟아야 한다.

바가지를 엎어 놓은 듯이 코를 중심으로 얼굴이 튀어나와 중악인 코만 우뚝하고 이마와 턱이 뒤로 넘어지고 동서악인 광대뼈가 좌우로 기울어져 깎이면 덕과 자비심이 부족하고 심성이 고약하며 운명이 빈한하다. 코만 우뚝하고 4악이 빈약한 것도 좋지 않은데 바깥으로 뒤집어지기까지 하면 주변이 나에게 등을 돌린 형상이니 더불어 잘사는 공동체 심리가 약하다. 이런 사람은 자신만 잘살면 된다는 마음인 경우가 많다.

이마는 벽처럼 바로 서야 한다. 아무리 이마가 넓어도 뒤로 넘어간 경우는 안 좋다. 조상을 나타내는 기운이 뒤로 넘어갔으니 대대로 내려오던 가문이 몰락하여 조상의 덕을 볼 수 없다. 또한 반대로 턱도 너무 뾰족하면 나쁘다. 말년의 운세가 약하여 노년이 곤궁하고 고달프며 자손의 복덕을 누리기 어렵다.

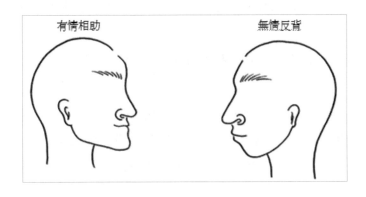

2. 4독이란?

관상의 사독(四瀆)은 얼굴에 있는 강이나 호수 등을 말한다. 사독에서 독(瀆)자는 도랑 독 또는 큰강 독이다. 눈 코 귀 입은 네 곳의 물길이다.

사독은 얼굴에 있어 4개의 강을 말하는 것으로서 강은 주변 지역보다 낮은 곳에 위치하여 적당히 가늘고 길게 흘러 급하지 않고 유유히 흐르는 것이 좋다. 따라서 눈, 코(콧구멍), 귀(귓구멍), 입의 사독부위는 튀어나오지 않되 길고 부드러워야 좋다. 나올 곳은 나오고 들어갈 곳은 들어가야 좋은 운명을 맞이하는데 이에 반하면 그만큼 운명의 풍파가 심하다. 사독은 관상 부위 중 가장 중요한 부분으로 총명, 지혜, 수명, 성격, 재운 등 운명의 대부분이 이곳을 통해 결정된다. 사독을 세부적으로 보면 눈이 오목함을 하독(河瀆), 콧구멍과 코의 안쪽을 제독(濟瀆),

귓구멍과 귀바퀴(輪廓)를 강독(江瀆), 입을 회독(淮瀆)이라고 한다.

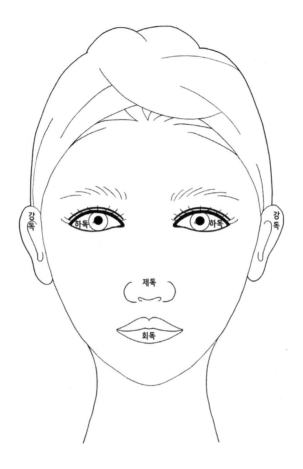

    물길은 우선 적당히 깊어야 하며, 끊어지지 않고, 너무 급하게 생기지 않고 선명하여 흐름이 뚜렷하고, 해당되는 구멍들은 좁지 않고 적당히 넓은 것이 좋다. 사독이 좋은 사람은 일단 재물운이 좋다. 또 사독의 생김새로 그 사람의 지혜와 총명을 본다. 사독은 길고 수려해야 막힘없이 좋은데 짧을수록 안 좋다. 강이 짧거나 막히면 그만큼 농사지을 땅도 적듯이 매사 소득이 적고, 물이 통하지 못하고 썩듯이 지혜롭지 못하고

미련하다

사독 중 어느 한군데라도 짧으면 짧은 만큼 운명적 결함이 있다. 눈이 너무 짧거나 둥글면 지혜가 없고 어리석으며 코가 짧으면 단견에 잘 사로잡혀 결정이 너무 빨라 일의 성패가 반복되고, 귀가 너무 작으면 수명이 짧은 경향이 있고 입이 너무 작으면 소심한 사람이다.

1) 하독(河瀆) - 눈

물길은 일반적으로 길게 흘러야 좋다. 그래서 눈은 길게 뻗은 것이 좋으니 눈이 짧다면 물길이 짧은 것이니 흉하다.

또 물은 약간 완만하게 굽이쳐 흐르는 것이 좋으니 세장(細長)하고 부드러운 곡선으로 이루어져야 한다. 눈은 넘실넘실 굽이치는 물결과 같다고 하여 위의 눈꺼풀을 상파, 아래의 눈꺼풀을 하파라고 한다. 이처럼 물은 그 성정이 부드럽고 원만한 것인데, 물결을 이루지 못하고 뾰족하게 각이 지면 이미 좋은 기운을 떠난 것이다. 또 직선을 이루면 폭포수처럼 강한 물로, 특히 아랫 눈꺼풀이 일자 모양으로 생기면 심기가 매우 강하여 작심(단단히 마음먹음)이 분명하다. 여자의 눈이 이렇게 너무 주체심이 완강하면 홀로 살아가기 쉽다. 눈이 가늘고 길면 재물이 끊이지 않으며, 코가 길고 콧구멍이 노출되지 않으면 재물에 대한 근심이 없다.

2) 제독(濟瀆) - 코

코가 길고 잘생겼는데 콧구멍이 작지 않으면 논리적, 분석적이며 입이 크고 활달하게 생겼으면 계산이 빨라 결코 손해 보거나 남에게 손해를 당하지 않는다. 코는 재물을 모으고 보관하는 곳으로서 적당히 높고 길어야 하며, 살이 두둑해서 뼈가 드러나지 않아야 하고, 삐뚤어지거나 울퉁불퉁한 곳이 없이 곧게 뻗어야 한다. 얼굴의 삼정 중에서 코는 중앙에 있으니 중년의 운을 좌우하는데, 인생의 성패를 가르는 가장 중요한 시기의 운을 나타낸다. 코도 물길이니 콧구멍이 작으면 물길이 빠져 나오지 못하고 콧구멍이 들려서 휑하면 물이 흘러버릴 것이니 돈이 새어 나가기 쉽다. 그래서 옛사람들은 콧구멍이 너무 들리면 하루걸러 먹을 끼니도 없다고 했다. 콧구멍이 너무 넓으면 물이 너무 들락날락하니 재물의 변동이 심하다. 이런 사람은 성격은 시원시원하나 모아놓은 재산은 없기 마련이다. 그래서 콧구멍의 끝이 약간 안쪽으로 들어오면서 물길을 가두어 주는 형태가 돈을 모으는데 이상적인 코가 된다.

정주영씨의 코나 워렌버핏의 코가 대표적인 예이다. 부자들의 코는 예외 없이 코끝이 약간 살집이 있으면서 기운이 맺혀있는 느낌을 준다.

3) 강독(江瀆) - 귀

귀는 일단 크고 윤곽이 뚜렷하고 귓바퀴가 두툼해야 그 복이 배가된다. 옛 말에 귀 잘생긴 거지는 있어도 코 잘생긴 거지는 없다는 말이 있다. 귀는 재물과는 큰 관계가 없다는 뜻이 된다. 코가 잘 생긴데다가 귀까지 잘 생기면 그 복이 곱절로 늘어나는 역할을 하게 된다. 귀는 윤곽이 뚜렷하면서 크고 두툼하면 총명한 위인이다. 귀가 큰 사람은 남을 지배하려고 하며 귀가 작으면 끈기가 없다. 그래서 남자가 귀가 작으면 끈기가 없고 마음이 여려서 과감하게 일을 추진하지 못하는 경향이 있다. 이것은 음양의 이치에서 남성은 귀가 크고 여성은 귀가 작아야 하는데 남성이 귀가 작으면 여성과 같아서 이상이 작고 마음이 여리다.

4) 회독(淮瀆) - 입

코 아래에서 입으로 이어지는 인중은 눈, 코, 귀의 물길이 최종적으로 입으로 들어가는 도랑과 같은 곳이니 인중은 넓고 길고 제방은 튼튼한 것이 좋으니 인중의 양 윤곽이 두터워 뚜렷하고 깊은 것이 좋다. 인중이 가늘고 길면 매사에 애로가 많다. 물이 잘 흐르지 못하기 때문이다. 인중의 끝부분은 양옆으로 약간 퍼지는 것이 좋고 밋밋한 인중은 감점이다. 인중이 뚜렷한 사람은 자기가 하는 일에 인내심과 의지가 강하다. 입술은 물을 가두는 제방이 되니 어느 정도 두텁고 윗입술과 아랫입술의 구합이 잘 맞아야 한다. 윗입술은 크고 아랫입술은 작으면 물이 흘러내리니 말년에 돈이 새어나간다. 이와 같이 모든 부분이 자연과 닮고 자연의 이치에 어긋나지 않는 것이 이상적인 관상이 된다.

그러나 세상에 물 좋고 산도 좋고 모든 것을 갖춘 곳이 드물 듯이 사람도 모든 좋은 것을 다 갖춘 얼굴은 찾아보기 쉽지 않다. 좋으면 나쁜 것이 있고 나빠도 어느 곳은 좋은 곳이 있기 마련인 것이 세상사이니 얼굴의 어떤 부분이 조금 자연스럽지 않다고 크게 실망할 필요는 없다.

3. 사독(四瀆) 오악(五嶽)의 관상미용관리법

사독 오악과 같이 관상에서는 인체의 여러 곳을 자연과 비교한다. 오악은 얼굴에서 코, 이마, 양쪽 광대뼈, 턱 이렇게 다섯 군데가 솟아 나온 곳을 오악의 산에 비유한다.

사독은 눈, 코, 귀, 입 네 곳을 4독으로 강이나 호수 또는 바다에 비유한다. 또한, 땅속에 지하수가 흐르듯 눈, 코, 귀 그리고 입은 속으로 통해 있다.

이 모두를 포용하는 얼굴을 대지라고 말한다. 오악과 사독에서는 생각해야 하는 것이 있다. 풍수에서는 산이 잘 이어지고 배치되면서 물을 잘 얻어야 명당이라고 한다. 얼굴에서도 山인 오악과 물길인 사독이 잘 배치가 되어야 복이 있는 얼굴이 된다. 사독은 서로 연결된 물길이요 지하수이다. 그러므로 사독에는 항상 물기가 있어야 땅이 기름지고 풍성한 결실을 볼 수 있는 것이다. 또 하나 더 말하자면 산과 들 그리고 물이 있어도 태양이 없으면 어찌 생물이 살 수 있겠는가? 바로 두 눈이 태양이고 달이니, 눈은 밝고 빛나야 한다. 얼굴에서 나와 있는 다섯 곳과 들어가 있는 네 곳이 서로 균형과 조화를 이루어야 인생이 풍요롭게 된다.

사독은 눈, 코, 귀, 입을 말하며 네 군데의 깊은 곳으로 얼굴에서 강이나 호수에 비유 된다. 사독은 얼굴 부위 중 가장 중요한 부분으로 총명, 지혜, 수명, 성격, 재운 등 운명의 대부분이 이곳을 통해 결정된다.

물길은 우선 적당히 깊어야 하며, 끊어지지 않고, 너무 급하게 생기지 않고 선명하여 흐름이 뚜렷하고, 해당되는 구멍들은 좁지 않고 적당히 넓은 것이 좋다. 사독이 좋은 사람은 일단 재물 운이 좋다. 또 사독의 생김새로 그 사람의 지혜와 총명을 본다.

사독은 길고 수려해야 하며 막힘이 없어야 하며 짧을수록 안 좋다. 강이 짧거나 막히면 그만큼 농사지을 땅도 적듯이 매사 소득이 적고, 물이 통하지 못하고 썩듯이 지혜롭지 못하고 미련하다. 사독 중 어느 한군데라도 짧으면 짧은 만큼 운명적 결함이 있다.

눈은 길고 깊고 흑백이 분명하고 광채를 머금은 듯 맑고 깨끗하여 색이 고와야 하며 눈이 너무 짧거나 둥글면 지혜가 없고 어리석으며, 코는 크고 높아야 하는데 비뚤어지거나 휘어짐이 없으며 콧구멍이 드러나 보이지 않고 얇아서 벌렁거리지 않아야 한다. 반면 코가 짧으면 성질이 급하여 결정이 너무 빨라 일의 성패가 반복된다. 입은 크고 각이 지고, 입술은 붉고 두터우며 입 끝이 밑으로 처지지 않아야 하며 입이 너무 작으면 소심한 사람이다. 귀는 귓구멍이 넓고 깊으면서 구멍이 드러나지 않으며 귓바퀴가 단단하고 두꺼워야 좋으며 귀가 너무 작으면 수명이 짧다.

1) 눈 관리법(하독관리)

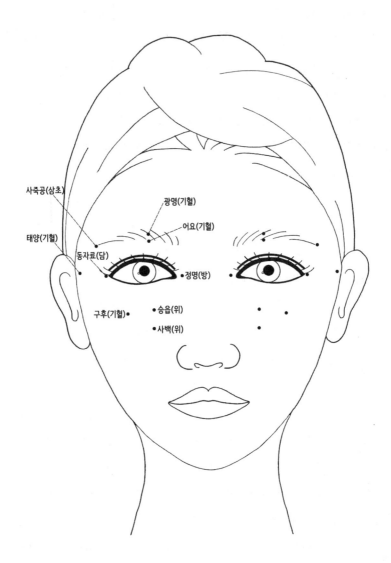

사죽공(삼초)

광명(기혈)

어요(기혈)

태양(기혈)

동자료(담)

정명(방)

구후(기혈)

승읍(위)

사백(위)

눈은 마음의 창이라고 한다. 눈이 맑고 크며 빛나는 사람은 교감신경이 발달해 감수성이 풍부하고 모든 일에 적극적이며, 쌍꺼풀이 없고 작은 눈은 상대방에게 편안하고 안정된 느낌을 줄 수 있다. 하지만 요즘은 여성의 왕성한 사회진출로 인해 누구나 세련되고 크고 매혹적인 눈으로 성형을 하는 경우가 더욱 많아졌다. 남성도 부드러운 인상을 위해 속 쌍꺼풀 수술을 하는데 사회생활을 하는데 도움이 되는 부분도 있다. 하지만 쌍꺼풀 수술을 하면 눈가에 잔주름이 생기는 단점이 있다. 그러기에 눈 관리를 소홀히 하면 주름도 더 많이 생기고 눈의 시력에도 문제가 생길 수 있다.

눈 관리는 주름관리와 함께 무엇보다도 눈 건강 면에서 중요하기에 눈의 마사지는 더욱 세심하게 신경을 써야 한다. 우리의 눈을 밝혀주는 빛은 오행 상으로는 水에 해당하는 신장과 방광의 영향을 받고 눈을 전체적으로 주관하는 장기는 木으로 간과 담이다. 신장이 튼실하면 눈동자가 검고 빛이 나며 이러한 눈동자를 가진 사람은 지혜가 많고 정신력도 강하다. 신장의 기운이 약해지면 갑상선기능의 부조화로 인해 눈이 튀어나오기도 하는데 튀어나온 눈은 관상미용관리로 쉽게 들어가게 할 수 있다.

간의 정기가 집중되는 눈은 간 기능이 저하 되면 쉽게 피로해지고 아프기도 하며 열이 나기도 하고 눈 떨림과 시력저하가 온다. 눈두덩이 갈색으로 변하면 간 기능 부조화로 보고 검은자위는 간, 흰자위는 폐, 눈머리와 눈 꼬리는 심장의 상태를 나타낸다.

눈 밑의 다크서클과 물 사마귀, 기미 등은 자궁질환이나 자궁냉증 등을 나타내니 신장 건강을 살펴보는 것이 좋다. 특히 눈 주위에 잔주름이 심해지면 자궁 이상이나 호르몬의 부족현상, 피부 수분 부족현상을 생각해 보아야 한다.

눈 건강과 아름다움을 회복하고 젊어 질 수 있는 방법은 근본적으로 신장과 간을 도와주는 것이다. 특히 눈의 피로와 시력저하는 기혈의 흐름이 둔화되었을 때 나타나는 현상이므로 눈 관상미용관리법으로 림프 마사지를 한다면 빠르게 회복 할 수 있다.

눈 관리는 전택궁, 자녀궁(와잠)과 함께 처첩궁(부부궁)까지 동시에 관리를 해야 한다.

(1) 양손바닥을 비벼서 열을 낸 후 양손 중지를 이용하여 전택궁 시작점인 눈앞머리(정명혈)를 지그시 눌러서 풀어준 후 동작을 연결하여 올라오면서 형제궁 시작점인 눈썹앞머리(찬죽혈)를 위를 향해 둥글리면서 압을 가해 지그시 누르면서 풀어준다.(같은 동작을 3회 실시한다)

(2) 동작을 연결하여 부모궁 시작점(어요혈) 자리를 누르고 어미간문을 거쳐 관자놀이 부위 움푹 들어간 부분인 처첩궁 부위(태양혈)를 위로 쭉 당겨주고 둥글리면서 압을 가해 누르면서 풀어준다.(같은 동작을 3회 실시한다)

(3) 양손바닥을 비벼서 열을 낸 후 오른손 엄지를 세우고 엄지의 넓은 면을 이용해 가볍게 압을 주어 왼쪽 눈 안쪽에서 눈 바깥쪽을 향해 밀어내듯이 빼준다.(같은 동작을 3회 실시한다)

(4) 양손바닥을 비벼서 열을 낸 후 왼손 엄지를 세우고 엄지의 넓은 면을 이용하여 가볍게 압을 주어 오른쪽 눈 안쪽에서 눈 바깥쪽을 향해 밀어내듯이 빼준다.(같은 동작을 3회 실시한다)

(5) 동작을 연결하여 양손 중지를 이용하여 전택궁 시작점인 눈앞머리(정명혈)를 지그시 눌러서 풀어준 후 양손 엄지를 이용하여 와잠부위를 둥글리면서 가볍게 압을 가해 지그시 눌러서 어미간문까지 쪽을 향해 풀어준다.(같은 동작을 3회 실시한다)

(6) 엄지를 제외한 양손사지를 이용하여 피아노 건반을 튕겨 주듯이 리듬을 타면서 전택궁, 자녀궁(와잠)과 함께 처첩궁(부부궁)까지 가볍게 두드려준다.

(7) 양손바닥을 비벼서 열을 낸 후 양손 엄지를 세우고 이면을 이용하여 가볍게 압을 주어 와잠 부위 안쪽에서 와잠 부위 바깥쪽을 향해 밀어내듯이 아주 가볍게 빼준다.(같은 동작을 3회 실시한다)

(8) 얼굴을 오른쪽방향으로 돌리고 왼쪽 얼굴의 처첩궁을 오른손 엄지를 이용하여 눈썹 끝을 중심으로 천이궁 방향으로 귀 밑까지 3등분하여 피부 표면을 살짝 끌어당기듯이 올려준 후 왼손 엄지를 오른손 엄지에 올려놓고 둥글리면서 압을 가해 지그시 눌러준다.

(9) 동작을 연결하여 양손바닥을 이용하여 처첩궁(어미간문) 부위 전체를 넓게 아래에서 위를 향해 끌어 올려주는 동작을 8회 한 후 오른손 위에 왼손 바닥을 얹혀놓고 왼손 바닥 장근을 이용하여 꾹 눌러준다.(같은 동작을 3회 실시한다)

(10) 오른쪽 얼굴도 (8) (9)와 같은 방법으로 실시한다.

(11) 얼굴을 정면으로 향하게 한 후 양손 엄지와 중지의 지문을 이용하여 가볍게 피부 표면을 살짝 꼬집으며 튕겨 빼주는 동작을 한다.

(12) 양손바닥을 비벼서 열을 낸 후 명궁을 중심으로 이등분하여 처첩궁을 지나 귀를 감싸면서 귀 밑을 향해 압을 가해 밀어내듯이 힘을 빼준다.

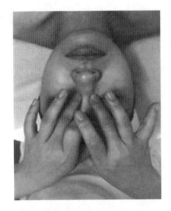
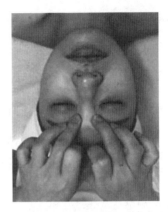

정명혈 누르기   찬죽혈 풀기

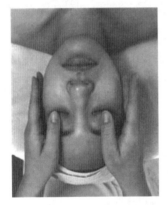
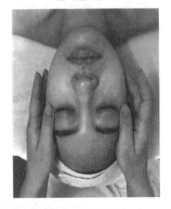

전택궁 마사지   어미간문 마사지

명궁에 모아 빼 주기

귀 밑까지 교차로 끌어올리기

양손 맞대기

압 가하기

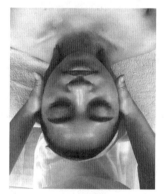

마무리 동작

눈을 밝고 맑게 해주며 눈가의 긴장된 표정 근육을 부드럽게 이완시켜주면 잔주름과 깊게 자리 잡은 굵은 주름까지도 완화시켜 주는 효과가 있다. 특히 눈 쌍꺼풀 성형으로 인해 어색하게 잡힌 잔주름도 자연스럽게 완화 시켜주고 시력회복에도 큰 효과를 본다.

눈은 나이가 들어감에 따라 위쪽 눈꺼풀이 약해져 힘없이 내려앉고, 눈두덩이가 움푹 꺼지기 때문에 상대적으로 눈의 크기도 작아지고 퀭한 인상이 되어버린다. 따라서 눈 관리(하독관리)를 통하여 잔주름을 예방하고, 눈 스트레칭으로 표정근육을 관리해 보자.

눈 밑의 다크 서클은 여성은 생리 전·후로, 남성은 흡연과 음주로
인하여 더욱 짙어지는데, 혈액의 흐름이 나빠져 혈액 중에 이산화탄소가
증가하고 그로 인해 암적색이 된 혈액이 눈가의 얇은 피부에 비치는 현
상이다.

눈 밑에도 근육이 있다는 것을 인식하면서 꾸준히 스트레칭을 하면
눈 밑이 불룩하게 쳐지는 현상도 막을 수 있는데 방법은 아래와 같다.

입을 살짝 벌리고 코밑을 당긴다. 눈 꼬리의 근육이 입 쪽으로 끌어
당겨진다는 느낌으로 턱을 안쪽으로 당기고 눈은 가능한 한 크게 떠올
려 위쪽을 본다. 5초에 걸쳐 아래 눈꺼풀을 끌어 올린다.(처음에는 손가
락을 아래 눈꺼풀에 대고 가볍게 밀어 올린다) 5초간 이 상태를 유지한
후 천천히 힘을 뺀다. 같은 동작을 3회 이상 반복적으로 한다.

2) 코 관리법(제독관리)

코는 얼굴의 중심으로 자신을 상징하는 기둥이다. 콧날이 휘거나 굴
곡이 있는 것은 좋지 않으며 인당에서 준두까지 콧등이 일직선으로 곧
게 내려와야 하며 좌우로 삐뚤어지지 않아야 한다.

옆에서 보아도 콧날이 반듯하게 직선의 형태를 이루고 있어야 하며
산근이 너무 꺼지지 않아야 하며 반대로 산근이 너무 높아도 좋지 않은
형상이다. 코는 전체적으로 살이 있어야 하며 준두(코끝)가 둥글고 탄력
이 있어야 한다. 특히 코의 색은 밝고 맑으며 윤이 나야 한다.

코를 관장하는 기관은 폐인데 코가 붉거나 땀구멍이 크고 피지가 많
이 끼는 것은 대장이나 폐에 열이 많이 찬 경우이고 코 주위가 변색되
거나 콧등이 울퉁불퉁 하다면 위장의 기능이 저하 되었다고 보면 된다.

코가 자주 막히며 코 속이 자주 헐고 냄새가 나는 알레르기나 축농증, 비염 등의 질환은 코 속에 열이 찼을 때 나타나는 현상으로 코 관상미용관리를 통해서 열을 빼주고 생리 식염수 들어 마시기와 내뱉기를 하여 코 속을 깨끗하게 씻어내 주면 코 건강에 매우 좋다.

■ 코 관리법

(1) 양손바닥을 비벼서 열을 낸 후 양손 중지를 이용하여 전택궁 시작점인 눈앞머리(정명혈)를 지그시 눌러서 풀어준다.(같은 방법으로 3회 반복 실시한다)

(2) 왼쪽 전택궁 시작점인 눈앞머리(정명혈)와 중악인 코의 측면 부위(비천혈)에 오른손 엄지 전체 이면을 얹혀놓고 왼손 장근의 압을 이용하여 왼쪽 전택궁 시작점인 눈앞머리와 중악인 코의 측면 부위를 위에서 아래로 향해 동시에 지그시 눌러준다.(같은 방법으로 3회 반복 실시한다)

(3) 같은 동작으로 오른쪽도 실시한다.

(4) 양손 엄지의 첫째 마디 튀어나온 부분을 이용하여 코의 측면부위를 안에서 밖을 향하여 둥글게 원을 그리는 마사지를 8회 실시한 후 밖에서 안을 향하여 같은 방법으로 실시한다.

(5) 동작을 연결하여 양손 엄지 지문을 이용하여 질액궁 부위를 아래에서 위를 향해 지그재그로 풀어주는 동작을 8회 하고 오른손 엄지 위에 왼손엄지를 얹혀 놓고 명궁부위를 위를 향해 둥글리면서 압을 가해 눌러준다.(같은 방법으로 3회 실시한다)

(6) 동작을 연결하여 양손 중지와 약지를 모아 콧방울을 감싸듯이 둥글리면서 마사지하고 양쪽 콧방울(영향혈)을 누르면서 동시에 콧방울을 향해 튕겨준다.(같은 방법으로 3회 실시한다)

(7) 양손 중지와 약지를 모아 콧방울을 시작점으로 콧대를 감싸 주 듯이 올려주면서 힘차게 오르내리는 동작을 8회 한 후

(8) 전택궁 시작점인 눈앞머리(정명혈)를 양손 중지를 이용하여 꾹 누른 후 눈 주위를 한 바퀴 돌아서 다시 전택궁 시작점인 눈앞 머리를 지그시 눌러준다.(같은 방법으로 3회 실시한다)

(9) 동작을 연결하여 양손바닥을 이용하여 준두부터 산근을 향해 양 손을 번갈아 가면서 쓸어 올려주는 동작을 8회 한 후

(10) 오른손 중지와 약지를 명궁자리에 놓고 왼손 중지와 약지의 힘 을 이용하여 꾹 누른다.(같은 방법으로 3회 실시한다)

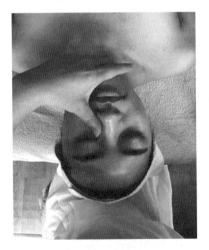
비천혈에 엄지 올리기

비천혈 누르기

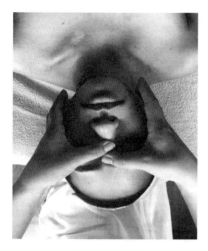
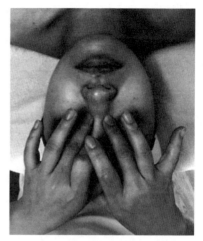

| 질액궁 올리기 | 정명혈 누르기 |

삐뚤어진 코는 코 막힘 증상이나 코 질환으로 잦은 고생을 한다. 이럴 때는 목 뒤의 뼈인 경추 4번 주위를 주무르거나 가볍게 위아래로 마사지를 해주고 뜨거운 타올로 찜질을 해주면 증상완화에 좋다. 코 관상 미용관리를 자주해주면 치질질환에도 큰 도움이 된다.

너무 낮은 코와 코 주위가 펑퍼짐하게 퍼져있거나 밋밋하게 누운 듯한 코는 세련미가 없어 보이고 매부리코와 휘어진 코는 강한 인상을 주게 된다. 코에 살이 쪄서 두루뭉실하게 보이는 코는 미련하고 답답하게 보이며 콧망울이 탄력이 없어 보이면 재물 창고가 빈다. 특히 콧등에 잔주름이 생기면 분쟁을 예시하므로 웃을 때 짓는 표정 주름도 신경을 써야 한다.

코의 색이 어두워지면 경제적인 어려움을 겪을 수 있기에 코의 색은 언제나 밝고 맑게 해야 하므로 코 관리 후에는 미백과 모공관리에도 신경을 써야한다. 이렇게 관상학적으로 불편한 코의 상태를 코 관리 마사지를 통해서 아름답고 건강하고 재복이 있는 코로 만든다면 자신의 에너지는 최고의 위상으로 나타날 것이다.

더불어, 또렷한 코 라인을 위한 스트레칭을 꾸준히 하는 것도 잊지 말아야 한다. 스트레칭 요령은 다음과 같다.

입을 살짝 벌리고 콧방울을 5초에 걸쳐 끌어올린다.(코를 훌쩍거리거나 나쁜 냄새를 맡았을 때 짓는 표정을 떠올리면서 한다) 처음에는 검지를 코밑에 대고 살짝 밀어 올려준다. 그 상태로 5초를 센 후 천천히 힘을 빼고 입을 다문다. 같은 동작을 3회 반복적으로 한다. 주름예방과 콧방울 탄력과 콧방울 옆의 여드름 예방과 개선에도 매우 효과적이다.

3) 귀 관리(강독관리)

관상학적으로 귀는 금전 운을 나타내며 수명을 보는 곳이다. 신체 장기로는 신장의 건강을 나타내므로 윤택한 귀는 부귀와 장수를 부른다.

귀는 인체의 축소판이며 마치 태아가 엄마의 뱃속에서 웅크리고 앉아있는 모습이다. 귀는 다른 신체부위보다 예민한 곳으로 사랑을 할 때 귀의 성감대가 발달되어 있는 사람은 신장기능이 좋다고 볼 수 있다.

귀를 마사지해주면 혈류를 증가시켜 혈행을 원활하게 하므로 여성은 자궁이 건강해지고 남성은 정력을 강화 시켜준다. 금실 좋은 부부생활을 위하여 아름다운 음악과 함께 귀 마사지를 해 준다면 더욱 행복 해 질 것이다.

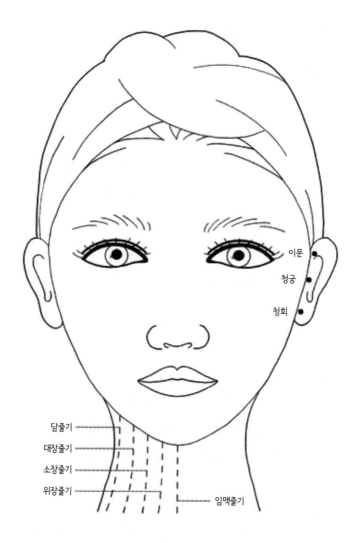

이문

청궁

청회

담줄기

대장줄기

소장줄기

위장줄기

임맥줄기

귀 관리법

(1) 양손바닥을 비벼서 열을 낸 후 손바닥을 이용해 귀를 넓게 감싼
후 얼굴 전면을 향해 10회, 후면을 향해 10회 원을 그리듯이 마
사지 한다.

(2) 양손바닥을 이용해 귀를 앞뒤로 접었다 펴기를 10회 이상 한다.

(3) 양 귀 볼을 엄지와 검지를 이용하여 아래로 당겨주기를 10회 이상 한다. 양손을 이용해 검지와 중지 사이에 귀를 끼어서 아래위로 10회 이상 문지른다.

(4) 양손 엄지와 검지를 이용해 귀 볼부터 시작해서 귓바퀴 전체를 아래에서 위로, 다시 위에서 아래를 향해 반복적으로 꼼꼼히 지압해 주기를 10회 이상 한다.

(5) 양손가락의 힘을 빼고 손가락 끝을 이용해 귓바퀴 전체를 털어 주기를 10회 이상 한다.

(6) 양손바닥을 비벼서 열을 낸 후 넓게 손바닥으로 귓구멍을 막았다가 떼기를 10회 이상 한다.

귀 마사지를 수시로 하게 되면 머리가 맑아지고 얼굴혈색이 좋아지며 척추 건강과 어깨 결림에 탁월한 효과가 있으며, 귀 탄력은 물론 얼굴 탄력까지도 좋아지므로 얼굴형이 작아지는 효과가 있다.

4) 입 관리(회독관리)

관상학적으로 입술은 관능의 출납관이라 해서 식복과 함께 애정운과 자손운도 판단 할 수 있는 곳이다. 여성의 입술을 중시하는 까닭은 성적 매력 포인트로 건강한 아름다움을 상징하고 상냥한 미소와 부드러운 말씨로 마음을 전달하는 기관이기 때문이다. 신체 모든 부위를 막론하고 다 중요하지만 특히 입술은 여성에게 최고로 소중한 곳 중의 하나라 하겠다.

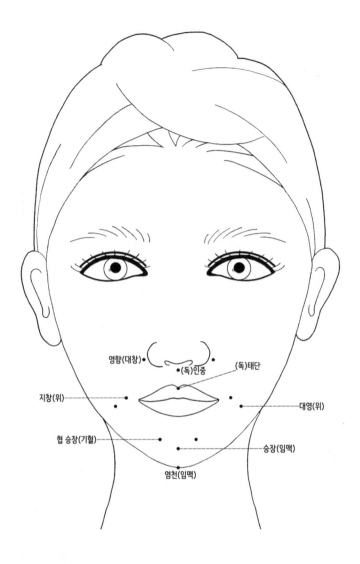

영향(대창)•
•(독)인중
(독)태단
지창(위)————•
대영(위)
협 승장(기혈)————•
승장(임맥)
염천(임맥)

(1) 양손바닥을 비벼서 열을 낸 후 입술에 좌·우 손바닥을 교대로 가볍게 올려놓고 입술에 열을 전달한다.(입술은 열전달 마사지가 효과적이다)

(2) 동작을 연결하여 양손엄지 첫째 마디 돌출된 뼈를 이용하여 인중의 홈(수구혈)과 아래턱의 중앙(승장혈)을 동시에 지그시 3회 누른다.

(3) 그 동작 그대로 양손엄지 첫째 마디 돌출된 뼈를 이용하여 아랫입술 선 밑의 중앙 점을 기준으로 턱 중앙선을 따라 양쪽 입 꼬리까지 아래에서 위를 향하여 파동을 이용해 풀어준 후 입 꼬리를 누른다.(같은 동작을 3회 실시한다)

(4) 그 동작 그대로 양손엄지 첫째 마디 돌출된 뼈를 이용하여 인중의 홈과 아래턱의 중앙을 동시에 지그시 3회 누른다.

(5) 동작을 연결하여 윗입술과 윗잇몸을 감싸고 있는 넓은 면을 인중을 중심으로 양쪽 입 꼬리까지 아래에서 위로 양손의 주먹을 가볍게 쥐고 둘째마디 돌출된 뼈를 이용하여 파동으로 풀어준 후 입 꼬리 부위(지창혈)를 넓게 눌러준다.(같은 동작을 3회 실시한다)

(6) 동작을 이어서 오른손 검지, 중지, 약지를 모아 힘을 뺀 후 오른쪽 위아래 입술을 동시에 가볍게 튕겨주듯이 위아래로 마사지한 후 왼쪽 위아래 입술도 같은 방법으로 실시한다.

(7) 양손바닥을 비벼서 열을 낸 후 입술에 좌·우 손바닥을 교대로 가볍게 올려놓고 입술에 열을 전달한 후 양손 검지, 장지, 약지를 모아 약간 아픔을 느낄 정도의 압을 가해 피아노 치듯이 리듬을 타며 톡톡 8회 두드린다.(같은 동작을 3회 실시한다)

(8) 동작을 연결하여 다시 양손바닥을 비벼서 열을 낸 후 입술에 좌.

우 손바닥을 교대로 가볍게 올려놓고 수 초간 입술에 열을 전달
한다.

입술에 열 전달

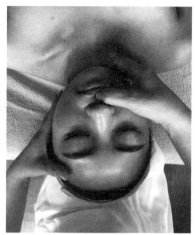

수구혈 풀기

수구혈 압 주기

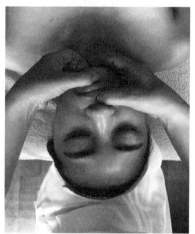

수구혈과 승장혈 누르기

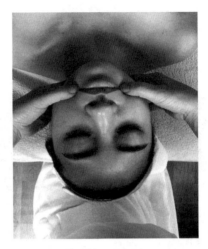

지창혈 누르기

여성의 입술은 점막피질로 된 부분이기에 입술의 모습과 색으로 생식기의 건강 상태도 짐작 할 수가 있다. 입술의 주름살이나 트러블은 위장과 자궁의 부조화로 보며 입술색이 푸른색을 띠면 부인병이 생길 수 있고 색이 고르지 않고 얼룩진 듯이 보인다면 자궁이 건강치 못하고 생리불순이 심한 경우이니 부인과 질환의 진료를 받아볼 필요가 있다.

입술의 탄력정도로 위장의 건강 상태를 짐작할 수 있으니 위에 부담을 주지 않는 식습관과 함께 입술 관상미용마사지를 꾸준히 하면 입술의 노화를 막아주고, 입술선이 뚜렷해진다. 입 꼬리를 올려 주는 미소짓는 습관과 함께 도톰하고 섹시한 입술로 가꾸어 준다면 행복한 사랑과 안정된 가정생활을 보장 받을 수 있을 것이다. 입술이 거칠어졌을 때는 아이크림을 듬뿍 발라 흡수시킨 후 랩을 씌워주면 효과적이다. 아이 전용 팩을 해주는 것도 입술주름에 매우 좋다.

5) 오악관리

오악은 얼굴의 높은 곳 5군데로 이마, 코, 관골 2군데, 턱을 말한다. 이마는 넓고 간을 엎어 놓은 듯 둥글고 풍만한 것이 좋으며 코는 곧고 반듯하게 높이 솟아야 한다. 양쪽 관골은 기울어지지 않고 앞으로 나온 듯 약간 넓고 큰 것이 좋다. 턱은 풍후하고 넓으며 탄력이 있고 튼튼하여야 한다.

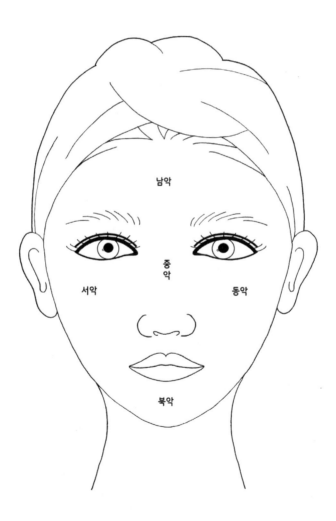

6) 남악관리(이마관리)

남악관리는 천창상부관리에 준한다.

남악관리법

(1) 양손바닥을 비벼서 열을 낸 후 왼손 중지와 약지를 벌려서 양쪽 눈썹 산의 위치에 올려놓는다.

(2) 오른손 엄지를 이용하여 왼쪽 방향으로 가볍게 명궁부위(인당혈)를 풀어준 후 압을 가하면서 위를 향해 지그시 눌러준 후 같은 방법으로 오른쪽 방향으로 가볍게 명궁부위(인당혈)를 풀어준 후 압을 가하면서 위를 향해 지그시 눌러준다. 미간의 주름 정도에 따라 반복적으로 여러 번 해도 상관없다.

(3) 동작을 연결하여 명궁에서 관록궁 부위를 지나 발제부위까지 3 등분하여 피부 표면을 살짝 끌어당기듯이 올려준 후 왼손 엄지를 오른손 엄지에 올려놓고 둥글리면서 압을 가해 신정혈 부위를 지그시 눌러준다.

(4) 동작을 연결하여 명궁에서 관록궁을 지나 발제부위까지 3등분하여 양손 바닥을 넓게 이용하여 피부 표면을 살짝 끌어올려주듯이 리듬마사지를 실시한 후 발제 부위(신정혈)를 넓게 오른손 장근(손목 관절에서 손바닥이 연결되는 부위) 위에 왼손 장근을 올려놓고 둥글리면서 압을 가해 지그시 눌러준다.

(5) 부모궁(찬죽혈을 시작으로 곡차혈을 향해 3등분하여 같은 방법으로 실시한다) 이어서 복덕궁(양백혈을 시작으로 본신혈을 향

해 3등분하여 같은 방법으로 실시한다)까지 관리를 한다.

(6) 오른쪽을 향해 왼쪽 얼굴을 돌린 후 왼손 중지와 약지를 벌려서 왼쪽 천이궁인 관자놀이(사죽공혈) 위치에 올려놓는다. 오른손 장지와 약지를 모아 왼쪽방향으로 가볍게 천이궁 부위를 풀어준 후 압을 가하면서 위를 향해 지그시 눌러준 후 같은 방법으로 오른쪽 방향으로 가볍게 천이궁 부위를 풀어준 후 압을 가하면서 위를 향해 지그시 눌러준다. 천이궁의 주름 정도에 따라 반복적으로 여러 번 해도 상관없다.

(7) 동작을 연결하여 천이궁을 지나 이마부위 끝까지 3등분하여 같은 방법으로 피부 표면을 살짝 끌어당기듯이 올려준 후 왼손 엄지를 오른손 엄지에 올려놓고 둥글리면서 압을 가해 지그시 눌러준다.

(8) 왼쪽 천이궁을 지나 이마부위 끝까지 3등분하여 피부 표면을 살짝 끌어올려주듯이 손바닥을 이용한 리듬마사지를 실시한 후 천이궁 끝점부위(현로혈)에 오른손 장근을 올려놓고 그 위에 왼손 장근을 올린 후 둥글리면서 압을 가해 넓게 지그시 눌러준다.

(9) 얼굴을 정면으로 원위치 시킨 후 양손 주먹을 가볍게 쥐고 엄지를 제외한 사지의 둘째마디 뼈를 이용하여 눈썹을 기준으로 이마 시작부분까지 3등분하여 파동을 이용하여 긁어 주듯이 가볍게 피부표면을 마사지 한다.

(10) 동작을 연결하여 양손을 넓게 이용하여 왼쪽 천이궁에서 명궁을 향하여 이마전체를 넓게 리듬마사지를 실시 한 후 오른쪽

천이궁에서 명궁을 향하여 이마전체를 넓게 리듬마사지 후 관
록궁을 지나 발제까지 넓게 리듬마사지를 실시한 후 오른손 장
근위에 왼손 장근을 올려놓고 왼손의 힘을 이용하여 신정혈 부
위를 지그시 눌러준다.

(11) 양손 엄지와 장지를 이용하여 이마 전체를 꼼꼼하게 꼬집어 튕
겨주는 동작을 한 후

(12) 양손바닥을 비벼서 열을 낸 후 명궁과 관록궁을 기준으로 양손
을 맞댄 후 양쪽 천이궁을 향해 손바닥을 넓게 펴면서 압을 가
해 자연스럽게 힘을 빼주며 마무리 한다.(3회 실시한다)

7) 동·서악관리(관골관리)

동·서악관리는 관골중부관리에 준한다.

동·서악관리법

(1) 양손바닥을 비벼서 열을 낸 후 엄지를 제외한 양손의 나머지 손
가락 끝 전체를 이용하여 관골 시작점인 코 옆 부위(영향혈)부
터 관골 끝점인(권료혈) 귀 옆 광대뼈까지 사선으로 지그시 눌
러준다.(같은 동작을 3회 실시한다)

(2) 동작을 연결하여 광대뼈 시작점부터 귀 밑 움푹 들어간 부위(하
관혈, 청회혈, 상관혈, 청궁혈, 이문혈)까지 넓게 압을 가하며 광
대뼈사이 골을 파는 느낌이 들도록 손가락 끝을 세워서 지그시
눌러준다.(같은 동작을 3회 실시한다)

(3) 양손을 가볍게 주먹을 쥐고 엄지를 제외한 나머지 손가락 둘째 마디 튀어나온 부위를 이용하여 둥글게 원을 그리듯이 압을 주면서 광대뼈 전체를 꼼꼼하게 위를 향하여 꾹 눌러준다.(같은 동작을 3회 실시한다)

(4) 주먹 쥔 그 상태로 아래에서 위를 향하여 광대뼈부위 전체를 파동을 이용하여 꼼꼼히 끌어 올려 주는 동작을 한 후 지그시 압을 주며 누른다.(같은 동작을 3회 실시한다)

(5) 동작을 연결하여 왼쪽 관골부터 관골부위를 3등분하여 광대뼈 근육을 끌어올리는 느낌으로 바이브레이션 동작을 한 후 귀 옆 가운데 부분(이문혈)을 오른손 사지를 모으고 그 위에 왼손 장근을 올려놓고 지그시 눌러준다.(같은 동작을 3회 실시한다)

(6) 오른쪽 관골도 같은 방법으로 관리를 한다.

(7) 동작을 연결하여 얼굴을 오른쪽으로 돌린 후 양손을 교차로 양손 엄지를 제외한 손가락 전체를 이용하여 왼쪽 광대뼈안쪽부터 바깥쪽인 귀를 향하여 반원을 그리듯 크게 끌어올리는 느낌으로 둥글게 마사지를 한 후 오른손 사지 위에 왼손을 장근을 올려놓고 둥글리면서 귀 옆을 지그시 눌러준다.(같은 동작을 3회 실시한다)

(8) 오른쪽 관골도 (7)과 같은 방법으로 관리를 한다.

(9) 얼굴을 정면으로 원위치 시킨 후 양쪽 광대 끝점인 귀 옆을 양손 중지와 약지를 모아 지문을 이용하여 8자를 그리는 동작으로 8회 넓게 마사지를 하여 풀어준 후 귀 옆을 지그시 누르는 동작

을 한 후 작은 8자 동작도 8회 실시한다.

(10) 양손 엄지와 중지를 이용하여 관골 전체를 꼼꼼하게 꼬집어 튕겨주는 동작을 한다.

(11) 양손바닥을 비벼서 열을 낸 후 코를 기준으로 양손을 맞댄 후 귀를 향해 손바닥을 넓게 펴면서 압을 가해주면서 양쪽 귀를 향해 자연스럽게 힘을 빼 주며 마무리 한다.(같은 동작을 3회 반복 실시한다)

8) 중악관리(코 관리)

중악관리는 사독관리 중 코 관리에 준한다.

중악관리법

(1) 양손바닥을 비벼서 열을 낸 후 양손 중지를 이용하여 전택궁 시작점인 눈앞머리(정명혈)를 지그시 눌러서 풀어준다.(같은 동작을 3회 실시한다)

(2) 왼쪽 전택궁 시작점인 눈앞머리(정명혈)와 중악인 코의 측면 부위(비천혈)에 오른손 엄지 전체 이면을 얹혀놓고 왼손 장근의 압을 이용하여 왼쪽 전택궁 시작점인 눈앞머리와 중악인 코의 측면 부위를 위에서 아래로 향해 동시에 지그시 눌러준다.(같은 동작을 3회 실시한다)

(3) 오른쪽도 (2)와 같은 동작으로 실시한다.

(4) 양손 엄지의 첫째 마디 튀어나온 부분을 이용하여 코의 측면부

위를 안에서 밖을 향하여 둥글게 원을 그리는 마사지를 8회 실시한 후 밖에서 안을 향하여 같은 방법으로 실시한다.

(5) 동작을 연결하여 양손 엄지 지문을 이용하여 질액궁 부위를 아래에서 위를 향해 지그재그로 풀어주는 동작을 8회 하고 오른손 엄지 위에 왼손엄지를 얹혀 놓고 명궁부위를 둥글리면서 압을 가해 눌러준다.(같은 동작을 3회 실시한다)

(6) 동작을 연결하여 양손 중지와 약지를 모아 콧방울을 감싸듯이 둥글리면서 마사지하고 양쪽 콧방울(영향혈)을 누르면서 동시에 콧방울을 향해 튕겨준다.(같은 동작을 3회 실시한다)

(7) 양손 중지와 약지를 모아 콧방울을 시작점으로 콧대를 감싸 주듯이 올려주면서 힘차게 오르내리는 동작을 8회 한 후

(8) 전택궁 시작점인 눈앞머리를 양손 중지를 이용하여 꾹 누른 후 눈 주위를 한 바퀴 돌아서 다시 전택궁 시작점인 눈앞머리(정명혈)를 지그시 눌러준다.(같은 동작을 3회 실시한다)

(9) 동작을 연결하여 양손바닥을 이용하여 준두부터 산근을 향해 양손을 번갈아 가면서 쓸어 올려주는 동작을 8회 한 후

(10) 오른손 중지와 약지를 명궁자리에 놓고 왼손 중지와 약지의 힘을 이용하여 꾹 누른다.(같은 동작을 3회 실시한다)

9) 북악관리(턱 관리)

북악관리는 시골하부관리에 준한다.

북악관리

(1) 양손바닥을 비벼서 열을 낸 후 인중(수구혈)에 오른손 엄지를 이용하여 왼쪽방향으로 가볍게 인중을 풀어준 후 압을 가하면서 위를 향해 지그시 눌러준 후 같은 방법으로 오른쪽 방향으로 가볍게 인중을 풀어준 후 압을 가하면서 위를 향해 지그시 눌러준다. (인중의 주름 정도에 따라 반복적으로 여러 번 해도 상관없다)

(2) 동작을 연결하여 코 옆(영향혈)과 입 주변(지창혈)을 둥글리면서 지그시 눌러 3회씩 풀어준다.

(3) 오른손 엄지손가락 첫째 마디 튀어나온 뼈를 이용하여 인중 홈을 좌우로 수회 둥글리면서 지그시 반복적으로 풀어준다.

(4) 동작을 연결하여 입술 중앙에서 좌. 우 윗입술 끝을 향해 잇몸 위 부분을 넓게 아래에서 위를 향해 양손 주먹을 가볍게 쥐고 손가락 전체 둘째 마디 튀어나온 뼈를 이용하여 파동을 타고 잇몸 근육을 풀어준 후 관골을 향해 위로 끌어올리는 동작으로 지그시 눌러준다.(같은 동작을 3회 실시한다)

(5) 입술을 사이에 두고 잇몸 부위와 턱 부위를 양손 엄지를 이용하여 지그재그로 8회 마사지를 한 후

(6) 동작을 연결하여 검지와 중지 사이에 입술을 끼워 좌우로 양손

을 번갈아 가면서 지그재그로 양쪽 입술 끝에서 양쪽 입술 끝을 향해 8회 반복적으로 마사지를 한 후 인중 홈과 턱 부위를 동시에 둥글리면서 지그시 눌러준다.

(7) 오른손 사지를 턱 밑(염천혈)에 놓고 왼손 사지의 힘을 이용하여 턱을 위(승장혈)로 가볍게 당겨주는 동작을 하면서 턱 밑을 지그시 꾹 눌러준다.(같은 동작을 3회 실시한다)

(8) 동작을 연결하여 오른손 사지를 이용하여 턱 선 중앙에서 왼쪽 턱 선을 따라 귀 밑까지 턱 근육을 끌어올려주는 동작을 8회 한 후 왼손 사지를 오른손 사지 위에 올려놓고 지그시 압을 준다. (같은 동작을 3회 실시한다)

(9) 오른쪽 턱 선도 같은 방법으로 3회 실시한다.

(10) 동작을 연결하여 턱 선 전체와 입술 사이에 양손의 엄지를 이용하여 인중과 아래턱을 기점으로 평행선을 그리듯이 힘차게 반복적으로 마사지를 한 후 인중과 아래턱을 지그시 위를 향해 눌러준다.(같은 동작을 3회 실시한다)

(11) 턱 밑을 기점으로 양 턱 선 아래쪽을 양손 엄지를 제외한 손가락 면을 이용하여 귀밑까지 밀어서 위로 끌어당기는 동작을 강약을 조절하면서 8회 한 후 귀 밑에 압을 가해 지그시 눌러준다.

(12) 동작을 연결하여 왼쪽 턱 선을 양손 엄지를 턱 선 위에 끼우고 검지를 포함한 나머지 손가락을 모아 턱선 아래 사이에 끼고 턱 선 중앙에서 왼쪽 턱 선을 따라 왼쪽 귀 밑까지 교차로 끌어올리는 동작을 8회 한 후 지그시 압을 준다.

(13) 같은 방법으로 오른쪽 턱 선도 실시한다.

(14) 동작을 연결하여 양손을 가볍게 주먹을 쥐고 턱 중앙을 기점으로 귀를 향해 3등분 한 후 양쪽 턱 선을 파동마사지를 하며 올라가면서 귀 밑에서 주먹을 쥔 상태로 지그시 눌러준다.(같은 동작을 3회 실시한다)

(15) 양손 전체의 손가락 힘을 뺀 후 손가락 끝을 이용하여 왼쪽 턱 라인을 자연스럽게 아래에서 위를 향하여 바이브레이션 동작을 반복적으로 빠르게 8회 실시한 후 같은 방법으로 오른쪽 턱 라인도 실시한다.

(16) 양손 엄지와 장지를 이용하여 시골하부 전체를 꼼꼼하게 꼬집어 튕겨주는 동작을 한다.

(17) 양손바닥을 비벼서 열을 낸 후 입을 기준으로 양손을 맞댄 후 귀 밑을 향해 손바닥을 넓게 펴 압을 가하면서 목 옆 선을 향해 자연스럽게 힘을 빼준다.(같은 동작을 3회 실시한다)

제 **6** 장

5성(星)과 6요(曜)

Self Beauty **Physiognomy Care**

Self Beauty
Physiognomy Care

사람은 소우주이기에 여섯 개의 별을 얼굴에 배치한다.

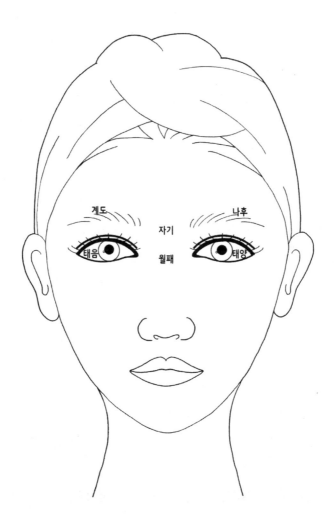

- 태양(太) : 왼쪽 눈
- 태음(太) : 오른쪽 눈
- 자기(紫氣) : 인당(印堂)
- 월패(月孛) : 산근(山根)
- 나후(羅睺) : 왼쪽 눈썹
- 계도(計都) : 오른쪽 눈썹

1. 육요(六曜)의 개념

육요란 여섯 가지 빛나는 별이라는 뜻으로 미간인 인당과 눈썹 그리고 양눈과 산근을 말한다. 오성과 육요는 기본개념을 알아야 하는데 기색론적으로 오성보다는 육요가 더 중요하다.

관상을 볼 때 항상 밝아야 하는 부분이 있다. 사람의 희노애락과 근심과 기쁨이 가장 잘 보이는 부분은 눈과 입이지만 사실 눈과 입과 인당은 오랜 기간 흉운이 오거나 힘들 때 보이는 부분이고 마치 하늘의 구름처럼 보이다가 가리다가 하는 부분은 바로 이마의 천정과 천중이다. 기색을 볼 때도 이 부분의 색이 어둡거나 흐리면 현재 운이 막히고 힘든 상태라는 것을 알 수가 있다. 그래서 육요와 천정과 천중은 빛나야 한다.

얼굴의 가장 중요한 곳인 인당과 눈썹과 눈과 산근은 항상 빛나야 한다. 인당은 모든 기운을 받아 운을 쓰는 곳이고 10년의 운을 관장하며 눈썹과 산근은 건강상태라든지 질병이나 회사나 가정에서의 대인관계를 말한다.

눈은 그 사람의 영혼이 들어있는 곳이니 빛나야 하는 것은 당연한 일이다. 그런데 빛나되 은근히 빛나야 한다. 눈이 너무 빛나면 단명하거나 신기가 강하거나 정신이 오락가락하는 경우가 많거나 도박이나 마약에 빠지는 경우가 많다. 그리고 인당과 산근은 은근하기보다는 항상 밝고 깨끗해야 한다. 우주의 천기를 받기위해서 들어오는 공간이 깨끗해야 운을 받을 수가 있는 것이다.

산근의 기색은 주로 질병과 건강을 나타낸다. 아무리 다른 부위가 빛이 나도 산근부분의 기색이 마치 연필로 그린 것처럼 뿌옇거나 어두우면 현재 병이 있는 상태이고 더욱 진하면 고질병이 있는 것과 같다

산근이 빛나야 된다는 말은 첫 번째 건강을 말하는 것이다. 두 번째로 산근은 이마의 조상궁 부분과 코의 본인자리를 연결하는 곳으로 바로 조상의 복덕을 받을 수 있는가 없는가를 판단하는 곳이다. 이 부위를 풍수학상으로 비유하면 바로 혈처에서 보는 결인에 해당하는 곳이다. 결인이란 기가 박환 되어 내려오다가 응축되어 정화된 곳을 말하니 결인이 우선되어야 혈도 뭉쳐서 내려오는 것이다. 그런데 산근이 어둡고 빛이 안 나면 바로 조상 복 부모 복이 없을 가능성이 높다.

다음으로 눈썹이 빛나는 것은 바로 공명성과 관련이 있고 건강과도 연관이 많다. 눈썹은 간의 정기가 나오는 것이고 인체로 말하면 혈액과 관련되어 있다.

운이 좋은 사람과 운이 나쁜 사람은 눈썹의 빛나는 것이 다르다. 좋은 운이 들어오는 사람은 얼굴의 전체 모양이 환하고 빛나며 얼굴의 피부가 팽팽한 느낌이 들고 주위에 사람이 몰려든다. 운이 나쁜 사람들은 얼굴이 마치 바람이 빠진 것처럼 힘이 없고 늘어진 느낌이 온다. 그리고 얼굴전체가 빛이 안 나고 어깨가 처지고 자신이 없어 보인다. 그래서 운이 좋은 사람은 자연히 육요가 빛나게 되어있고 운이 나쁜 사람은 육요가 어둡고 힘이 약하며 탁한 느낌이 든다. 육요는 기색을 볼 때 대단히 중요한 사항이다.

1) 太陽(태양 : 왼쪽눈)과 太陰(태음 : 오른쪽눈)

태음과 태양은 눈이니 흑백이 분명하고 갸름하고 길어야 하며 검은

눈동자가 크고 흰자위가 적으며 광채가 있는 사람은 크게 귀하다. 별자리가 두루 갖추어진 사람은 골육(骨肉)이 귀해진다. 검은 눈동자가 작고 흰자위가 많으면서 노랗고 붉은색이면 태음 태양이 결함이 있는 것이니 부모와 처자에게 손해가 되고 부동산을 깨뜨리고 재해가 잦으며 단명한다. 태음은 검어야 한다. 눈동자가 진한 검은 색이면 관직이 있다. 태양은 빛나야 하니 눈이 빛나는 사람은 복록이 강하다. 양쪽 눈이 태양과 같이 분명하고 정신과 눈빛이 한 결 같이 강하면 공무원이 되어 고위직에 오르게 된다.

2) 자기(紫氣)

자기(紫氣)는 인당의 아랫부분이니 인당이 분명하고 주름이 없어야 한다. 둥글기가 구슬 같은 사람은 반드시 귀해진다. 은같이 흰색인 사람은 크게 부귀하다. 옅은 노란색이면 재물이 넉넉하다. 인당이 좁고 평평하지 못하며 잔주름이 있는 것은 불길한 것이다. 자식이 두세 명이 있어도 힘이 되지 못하다. 복록이 두텁지 못하고 부동산은 손실된다. 인당이 넓고 둥글며 약간 도톰하면 영특하고 현명하다. 양쪽 콧방울인 난대와 정위가 상응하면 말년에 관록이 있어 영화를 이루고 돈도 있게 된다.

3) 월패(月孛)

월패(月孛)는 산근(山根)이다. 인당을 따라 바르게 내려가 나누어진다. 산근은 인당보다 약간 낮은 듯 꺼지지 않은 것이 좋다. 산근이 꺼지면 자손에게 불길하다. 재액(災厄)이 많고 공부를 해도 이루는 것이 없고 사업을 깨뜨리게 된다. 처를 극하고 자식에게 해로움이 있다. 산근은 높아야 하며 낮은 것은 마땅치 못하다. 유리같이 광채가 빛나면 관록이 있어 반드시 충신이 되고 말년에 고위 관리가 된다. 그리고 좋은 부인과 인연이 있다. 산근이 좁으면서 뾰족하면 집안의 재산을 일찍 깨뜨리게 되어 애를 태우게 된다. 공무원이 되어도 영예로운 고위직에 오르지 못하고 41살 무렵 고난을 겪게 된다.

4) 나후(羅睺 : 왼쪽눈썹)와 계도(計都 : 오른쪽눈썹)

나후와 계도는 양 눈썹이다. 눈썹은 검고 약간 성긴 듯 가늘게 옆 머리카락에 닿을 정도로 긴 것이 좋다. 나후와 계도가 좋으면 부모와 자식과 육친이 모두 귀해진다. 양쪽 눈썹이 명궁인 인당에 들어가 서로 붙어서 이어지거나 눈썹이 노랗고 붉은색으로 짧으면 육친골육과 자식을 누르고 나쁘게 죽게 된다. 눈썹이 수려하고 길며 그 부위에 살이 붙은 것이 분명하고 삼양이 응하면 공직에 있는 사람의 모습이다. 두터운 정의로 유명해져 그 이름이 멀리까지 전해진다. 눈썹이 너무 성기고 미릉골(眉陵骨 − 눈썹이 있는 부위에 불룩 나온 뼈)이 뾰족하면서 높게 솟으면 성급하고 횡포한 행동을 잘한다. 마음이 간교하고 행실이 바르지 못한 모양은 버드나무와 같이 늘어진 눈썹이다. 이런 눈썹은 이성관계가 복잡해지기 쉽다.

육요비결

(1) 육요가 빛이 없다면 해와 달이 제구실을 못하는 것이고, 정기가 없음을 말함이니 빛이 좋아야만 정신과 마음이 밝아 운명이 길함이다.

(2) 육요가 좋다는 것은 온몸에 정기가 올라 있음이고 오장육부가 편하고 조급하지 않아 여유가 있음이다.

(3) 인당과 산근이 육요의 중심이다. 인당과 산근은 육요와 얼굴의

주체로서 밝고 바른 모양을 갖추어야 좋다.

(4) 인당(자기성)은 계도와 나후의 중심에서 음양을 구분 짓고 각자의 역할을 충실하도록 구분 짓는다.

(5) 산근(월패성)은 태음과 태양을 구분 짓고 각자의 역할을 충실하도록 구분 짓는다.

(6) 자기성과 월패성이 모양과 격을 갖추어 양 눈썹과, 양 눈의 침범을 받지 않아야만 서로가 다투지 않고 극하지 않는 형상이 된다.

(7) 눈썹이 서로 붙는 것(미련)은 인당(자기성)을 해치는 깃으로 흉성이 침범한 격으로 형세를 불리하게 한다.(아내, 자식, 재물, 사업, 행복 등에 두루 영향을 준다.)

(8) 눈썹이 눈을 눌러서 눈두덩이 딱 붙으면 형극 됨이 크다.

(9) 눈썹이 가는데 눈만 크면 편하지 못할 일과 형극 됨이 크다.

(10) 눈이 작은데 눈썹만 길면 서로 형극하게 된다.

(11) 오성과 육요 모두가 빛이 나야 좋지만 선택해야 한다면 오성보다 육요의 빛을 택함이 좋다. 육요의 정기(精氣)가 오성의 정기보다 중요하다.

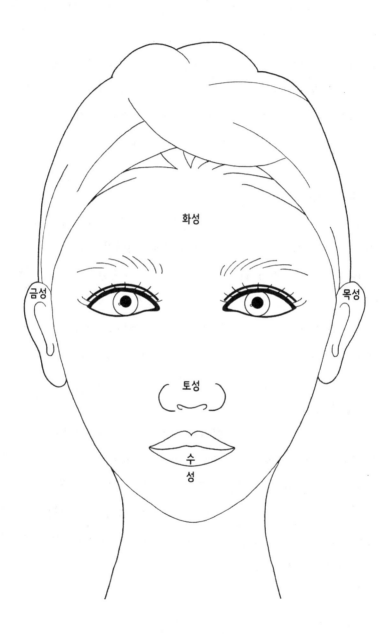

오성이란 다섯 가지 별이라는 뜻으로 이것은 오행과 관련이 깊다. 우선 부위별로 판단하면 화성(火星)은 이마를 상징하고 목성(木星)은 왼쪽 귀를 나타내고 토성(土星)은 코를 상징하고 금성(金星)은 오른쪽 귀를 나타내고 수성(水星)은 입과 턱을 나타낸다. 오성은 오행과 같은 말로 바로 우주를 이루는 다섯 가지 기운을 말한다. 목성은 木기운을 말하는 것이고 화성은 火기운을 말하는 것이며 토성은 土기운을 말하며 금성은 金기운을 말하고 수성은 水기운을 말한다.

1) 수성(水星)

오성 중에서 가장 중요한 것은 수성이다. 만물이 생성하고 자라기 위해서는 반드시 필요한 것이 물이다. 물은 생명력을 탄생시킬 수 있는 근원이다. 水는 생명의 원천이고 사람에게는 자손을 나타내고 재물로는 큰돈을 나타내고 성정으로는 지혜를 상징한다. 얼굴에서 수성이 머무는 곳은 입과 턱이다. 입과 턱이 바로 만물을 기르고 자라게 하는 원천인 것이다. 그러기 때문에 턱을 보고 수명을 판단 할 수도 있다.

2) 목성(木星)

목성은 바로 생명력이 발현되는 것이고 드러나는 것이다. 이것을 나타내는 부위는 귀이다. 귀는 바로 생명이 발현되어 보이는 곳이니 수명을 관장하는 것이다. 수명을 관장하는 부위는 많은데 그중에서 가장 근본은 귀이다. 귀는 바로 어린 시절 영양을 잘 섭취하였는가를 보는 것이고 선천적인 정기를 의미한다. 그래서 수성인 턱에서 목기인 귀가 힘을 받아 나타나는 것이다.

3) 화성(火星)

화성은 이마를 나타내는데 火기운은 발산하고 확산하고 보여주는 것을 말한다. 그러므로 이마는 명성과 관련이 있다. 수성이 있어도 화성인 이마가 받쳐주지를 못하면 목성은 자랄 수가 없다. 오악(五岳)론에서 이마와 턱이 서로가 조응을 해야 하는 것도 바로 오성론에서 말한 水火가 相制를 해야 생명이 나오기 때문이다.

4) 토성(土星)

토성은 土기운을 말하는 것으로 바로 중앙의 코를 상징한다. 코는 대지의 중앙이다. 아무리 힘이 좋고 물과 빛이 비추어도 대지에서 싹이 나와 곡식을 자라게 해야 결과도 나온다. 농사를 짓기 위해서는 햇빛과 물이 필요하나 농사를 지을 비옥한 땅이 꼭 필요한 것이다. 아무리 이마와 턱이 좋아도 코가 좋지를 않으면 수확을 크게 얻을 수 없는 것이니 이것이 바로 오성에 감추어진 비밀이다. 그런데 아무리 코가 좋아도 이마와 턱이 안 좋으면 농사의 결과가 안 나오는 것이 아닌가하고 생각하겠지만 화성(火星)인 우주의 빛을 대신할 오행이 있으니 바로 해와 달인 눈이다. 이마가 안 좋아도 눈이 좋으면 오성 중에 화성의 기운을 보충할 수가 있다.

만약 왼쪽 귀가 안 좋으면 목성이 안 좋은 것인데 이도 보충할 수가 있으니 바로 목성의 대표적인 눈썹이 좋으면 목성의 기운을 보충할 수가 있는 것이다. 오성과 육요는 대단히 중요한 것이니 잘 기억을 해야 상학의 깊은 의미를 이해할 수가 있다.

5) 금성(金星)

오른쪽 귀는 금성으로 바로 결과를 의미한다. 목성과 금성인 귀는 서로가 비슷하거나 닮아야 서로가 상극을 하지를 않는다. 만약 목성과 금성인 양쪽 귀가 서로 상극 한다면 인생의 시작도 결과도 문제가 생길 수 있고 부모가 이혼하거나 사별하거나 양부모를 두거나 하는 일이 발생을 한다.

목성과 금성을 막아주는 오행은 바로 土이고 토성은 바로 코이다. 코가 좋으면 귀가 못생겨도 상극을 하지를 않고 상생을 한다. 자연의 법칙은 상생이 우선이고 그 다음이 상극이다. 만약 서로가 상극 하는데 코가 약하거나 못생기면 바로 수명에 손실이 오고 팔 다리 수족에 이상이 오며 조력자도 나타나지를 않는다.

그러면 토성인 코가 약하면 어떻게 보충을 할 수가 있는가? 화성인 이마가 화생토를 해주면 보충을 해주니 토가 안 좋아도 이마가 좋으면 보완을 해주는 것이다. 이렇게 오성에 대해서 이해하고 이 오성이 바로 우주의 기운이 소통하여 움직이는 통로를 말하는 것임을 알아야만 상학을 깊이 이해 할 수 있다. 오성은 기의 흐름과 관련이 있고 건강과도 직결되어 사람이 운이 발하고 안 하고도 오성과 관련이 있다.

3. ✈ 오성과 육요의 관상미용관리법

1) 오성관리법

오성이란 오행과 같은 말로 바로 우주를 이루는 다섯 가지 기운을 말하는 것으로 다섯 가지 별이라는 뜻이다. 화성은 이마를 상징하고 목성은 왼쪽 귀를 나타내며 금성은 오른쪽 귀를 나타내고 토성은 코를 상징하고 수성은 입과 턱을 나타낸다.

오성관리는 사독관리 중 귀와 입 관리와 오악관리 중 이마와 코, 육부관리 중 시골 하부관리에 준한다.

2) 육요관리법

육요는 여섯 가지 빛나는 별이라는 뜻으로 태양(왼쪽눈)과 태음(오른쪽눈) 나후(왼쪽 눈썹)와 계도(오른쪽 눈썹) 그리고 자기(인당)와 월패(산근)를 말한다.

육요는 무엇보다도 기색론을 중시한다. 따라서 관상을 볼 때 항상 밝아야 하는 부분으로 얼굴의 가장 중요한 부분인 인당(자기)과 눈(태양과 태음)과 눈썹(나후와 계도)과 산근(월패)은 항상 빛나고 맑아야 한다. 얼굴의 가장 중요한 곳인 인당(자기)과 눈썹, 눈과 산근(월패)은 항상 빛나고 맑아야 한다. 인당은 모든 기운을 받아 운을 쓰는 곳이고 10년의 운을 관장하며 눈썹과 산근은 건강상태와 질병이나 회사와 가정에서의 대인관계를 말한다. 눈은 은근히 맑고 밝게 빛이 나야 상격(上格)이고 인당과 산근은 은근하기보다는 항상 밝고 깨끗해야 운을 받을 수가 있는 것이다. 산근의 기색은 주로 질병과 건강을 보게 되므로 아무리 다른 부위가 빛이 나도 산근부분의 기색이 마치 연필로 그린 것처럼 뿌옇거나 어두우면 현재 이 사람은 병이 있는 상태이고 더욱 진하면 고질병이 있는 것과 같다.

가) 태양과 태음 관리법 (눈)

(1) 양손바닥을 비벼서 열을 낸 후 양손 중지를 이용하여 전택궁 시작점인 눈앞머리(정명혈)를 지그시 눌러서 풀어준 후 동작을 연결하여 올라오면서 형제궁 시작점인 눈썹앞머리(찬죽혈)를 위를 향해 둥글리면서 압을 가해 지그시 누르면서 풀어준다.(같은 방법으로 3회 실시한다)

(2) 동작을 연결하여 부모궁 시작점 자리(어요혈)를 누르고 어미간문(동자료혈)을 거쳐 관자놀이 부위 움푹 들어간 부분인 처첩궁 부위(태양혈)를 위로 쭉 당겨주고 둥글리면서 압을 가해 누르면서 풀어준다.(같은 동작을 3회 실시한다)

(3) 양손바닥을 비벼서 열을 낸 후 오른손 엄지를 세우고 엄지의 넓은 면을 이용하여 가볍게 압을 주어 왼쪽 눈 안쪽에서 눈 바깥쪽을 향해 밀어내듯이 빼준다.(같은 동작을 3회 실시한다)

(4) 오른쪽 눈도 같은 방법으로 관리를 실시한다.

(5) 동작을 연결하여 양손 중지를 이용하여 전택궁 시작점인 눈 앞머리를 지그시 눌러서 풀어준 후 와잠부위를 둥글리면서 가볍게 압을 가해 지그시 눌러서 어미간문 쪽을 향해 풀어준다.(같은 동작을 3회 실시한다)

(6) 엄지를 제외한 양손 사지를 이용하여 피아노 건반을 튕겨 주듯이 리듬을 타면서 전택궁, 자녀궁(와잠)과 함께 처첩궁(부부궁)까지 가볍게 두드려준다.

(7) 양손바닥을 비벼서 열을 낸 후 양손 엄지를 세우고 이면을 이용하여 가볍게 압을 주어 와잠 부위 안쪽에서 와잠 부위 바깥쪽을 향해 밀어내듯이 아주 가볍게 빼준다.(같은 동작을 3회 실시한다)

(8) 얼굴을 오른쪽방향으로 돌리고 왼쪽 얼굴의 처첩궁을 오른손 엄지를 이용하여 눈썹 끝을 중심으로 천이궁 방향으로 귀 밑까지 3등분하여 피부 표면을 살짝 끌어당기듯이 올려준 후 왼손 엄지를 오른손 엄지에 올려놓고 둥글리면서 압을 가해 지그시 눌러준다.

(9) 동작을 연결하여 양손바닥을 이용하여 처첩궁(어미간문) 부위 전체를 넓게 아래에서 위를 향해 끌어 올려주는 동작을 8회 한 후 오른손 위에 왼손 바닥을 얹혀놓고 왼손 바닥 장근을 이용하여 꾹 눌러준다.(같은 동작을 3회 실시한다)

(10) 오른쪽 얼굴도 (9)와 같은 방법으로 실시한다.

(11) 얼굴을 정면으로 향하게 한 후 양손 엄지와 중지의 지문을 이용하여 가볍게 피부 표면을 살짝 꼬집으며 튕겨 빼주는 동작을 한다.

(12) 양손바닥을 비벼서 열을 낸 후 명궁을 중심으로 이등분하여 처첩궁을 지나 귀를 감싸면서 귀 밑을 향해 압을 가해 밀어내듯이 힘을 빼준다.(같은 동작을 3회 실시한다)

나) 나후와 계도 관리법 (양쪽 눈썹)

(1) 양손바닥을 비벼서 열을 낸 후 좌우 눈썹앞머리 부위(정명혈)를 좌우 엄지와 검지 사이에 감싸듯 끼어서 형제궁인 눈썹 아래 부위(천응혈)를 엄지를 이용하여 위로 끌어당기듯 밀어 올려주고 검지는 엄지를 잡아 끌어당겨주는 동작으로 잡아 준 후 수 초간 동작을 멈춘다.

(2) 동작을 연결하여 눈썹 중간 부위(양백혈)와 눈썹꼬리부위(사죽공혈)도 같은 방법으로 실시한다.

(3) 동작을 연결하여 왼쪽 눈썹앞머리 부위를 시작점으로 하여 눈썹뒷머리 부위까지 오른손엄지를 눈썹앞머리에 대고 왼손 사지의 힘을 이용하여 적당한 압을 가하면서 밀어준다.(같은 방법으로 3회 반복 실시한다)

(4) 오른쪽 눈썹도 (3)과 같은 동작으로 실시한다.

(5) 동작을 연결하여 오른손 주먹을 가볍게 쥐고 오른손 엄지첫째마디를 왼쪽 눈썹앞머리에 올려놓고 왼손바닥을 넓게 펴서 오른손 주먹위에 올려놓고 그 힘을 이용하여 눈썹뒷머리부위를 향해 밀어 준다.(같은 방법으로 3회 실시한다)

(6) 같은 동작으로 오른쪽 눈썹도 실시한다.

(7) 양손 엄지와 장지의 지문을 이용하여 가볍게 왼쪽 눈썹 피부 표면을 살짝 꼬집으며 튕겨 빼주는 동작을 실시하고 오른쪽 눈썹도 같은 방법으로 실시한다.

(8) 양손바닥을 비벼서 열을 낸 후 손바닥전체를 이용하여 넓게 명궁을 시작점으로 양쪽으로 나누어서 눈썹부위 전체를 적당한 압을 가하면서 빼주기를 3회 실시한다.

정명혈 누르기

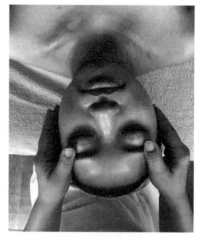

눈썹 중간(양백혈)

눈썹꼬리부위(사죽공혈) 빼주기

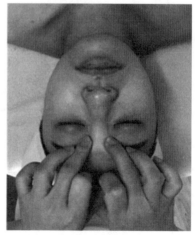

찬죽혈 누르기

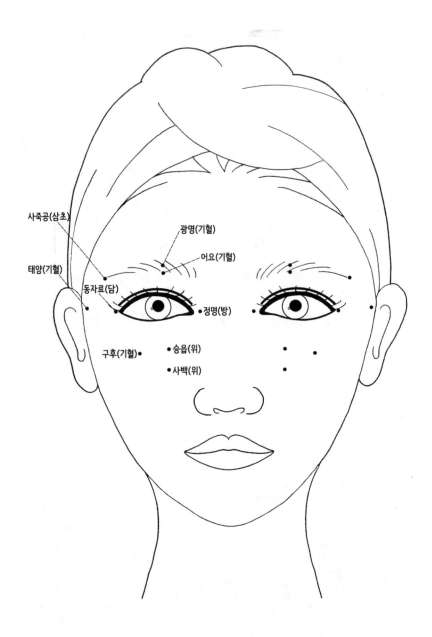

사죽공(삼초)

태양(기혈)

동자료(담)

구후(기혈)●

광명(기혈)

어요(기혈)

●정명(방)

● 승읍(위)

●사백(위)

다) 자기와 월패(명궁과 산근) 관리법

(1) 양손바닥을 비벼서 열을 낸 후 왼손 중지와 약지를 벌려서 양쪽 눈썹 산의 위치에 올려놓는다.

(2) 오른손 엄지를 이용하여 왼쪽방향으로 가볍게 명궁부위를 풀어준 후 압을 가하면서 위를 향해 지그시 눌러준 후 오른쪽 방향도 같은 방법으로 풀어준다. 명궁의 주름 정도에 따라 반복적으로 여러 번 해도 상관없다.

(3) 동작을 연결하여 오른손 엄지를 이용하여 명궁의 피부 표면을 살짝 끌어당기듯이 올려준 후 왼손 엄지를 오른손 엄지에 올려놓고 둥글리면서 압을 가해 지그시 눌러준다.(같은 동작을 3회 실시한다)

(4) 동작을 연결하여 왼쪽 전택궁 시작점인 눈앞머리와 중악인 코의 측면(비천혈)의 위치에 오른손 엄지 전체 이면을 얹혀놓고 왼손 장근의 압을 이용하여 왼쪽 전택궁 시작점인 눈앞머리와 중악인 코의 측면을 위에서 아래를 향해 동시에 지그시 눌러준다.(같은 동작을 3회 실시한다)

(5) 같은 동작으로 오른쪽 전택궁 시작점인 눈앞머리와 중악인 코의 측면의 위치에 왼손 엄지 전체 이면을 얹혀놓고 오른손 장근의 압을 이용하여 오른쪽 전택궁 시작점인 눈앞머리와 중악인 코의 측면을 위에서 아래를 향해 동시에 지그시 눌러준다.(같은 동작을 3회 실시한다)

(6) 이어서 양손 엄지의 첫째 마디 튀어나온 부분을 이용하여 코의 측면을 압을 가해 아래에서 위로 안에서 밖을 향하여 둥

글게 원을 그리면서 눈앞머리를 향해 압을 가하는 마사지를 8회 실시한 후 다시 밖에서 안을 향하여 같은 동작으로 8회 실시한다.

(7) 동작을 연결하여 양손 엄지를 이용하여 명궁과 산근을 동시에 지그재그로 명궁을 향하여 풀어주는 동작을 8회 하고 오른손 엄지 위에 왼손엄지를 얹혀 놓고 명궁부위를 둥글리면서 압을 가해 눌러준다.(같은 동작을 3회 실시한다)

(8) 이어서 양손 검지, 중지, 약지를 이용하여 넓게 쓸어 올려주는 동작으로 산근에서 명궁을 향해 올려주는 리듬 마사지를 8회 실시한 후 오른손 삼지 위에 왼손삼지를 얹혀 놓고 명궁부위를 둥글리면서 압을 가해 눌러준다.(같은 동작을 3회 실시한다)

제 7 장

12가지 운명을 나타내는 12궁

Self Beauty
Physiognomy Care

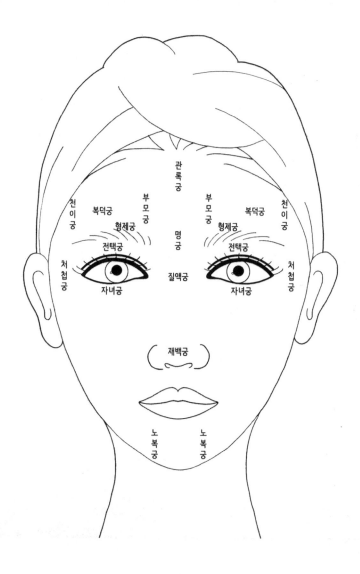

관상에서 12궁이란 살아가는 데 필요한 분야를 12곳으로 나누어 분야별로 상을 보는 방법을 말한다. 상을 볼 때 십이궁을 잘 활용하면 상대가 사는 모습을 세밀하게 파악할 수 있게 된다.

어떤 사람의 경제적인 부분을 알고 싶다면 재백궁을, 그 사람의 부동산에 대하여 알고 싶으면 전택궁을 살펴보면 된다.

먼저 십이궁의 이름을 살펴보면 명궁(命宮), 재백궁(財帛宮), 형제궁(兄弟宮), 전택궁(田宅宮), 자녀궁(子女), 노복궁(奴), 처첩궁(妊姆宮), 질액궁(疾厄宮), 천이궁(遷移宮), 관록궁(官祿宮), 복덕궁(福德宮), 부모궁(父母宮)이다. 십이궁의 이름을 보면 ▶ 부모, 형제, 배우자, 자식 등 육친 문제 ▶ 부동산과 재물 ▶ 운명과 복 그리고 건강 문제 ▶ 벼슬과 직업운 그리고 밑에 거느리는 사람 등 사람이 중요하게 여기는 열두 가지를 일컫는 것임을 알 수 있다.

1. 모든 운명의 척도가 되는 명궁(인당)

1) 명궁(命宮)은 어디인가?

눈썹과 눈썹 사이에 있는 인당(印堂)이 명궁이다. 마치 도장을 찍어 놓은 것처럼 생겨서 인당이라고 이름 붙여진 곳이다. 명궁은 십이궁의 우두머리요 나머지 열하나의 궁을 통솔하는 중요한 자리이다. 명궁은 두 눈과 더불어 얼굴에서 가장 중요한 곳이다.

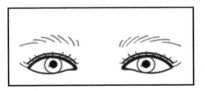

2) 명궁의 형태는?

가) 명궁은 넓고 평평해야 하지만, 너무 좁거나 넓으면 안 좋다.

나) 매끄럽고 윤이 나야 한다.

다) 명궁에는 점이나 흉터가 없어야 한다. 주름살도 좋지 않다.

라) 기색이 어둡지 않아야 한다.

마) 눈썹이 서로 붙어 인당을 막는 것은 좋지 않다.

바) 산근이 잘 받쳐 주어야 한다.

3) 명궁은 운명의 척도이다.

명(命) 자는 목숨, 운수, 운명, 명령 등의 뜻이 있다. 명궁이 좋은 사람
은 좋은 운명을 가지고 태어난 것이다. 명궁에 결함이 있다면 최상의 조
건에서 그 만큼 부족하게 된다. 얼굴이 전체적으로 결함이 없어 보이는
사람도 명궁에 문제가 있다면 인생의 전반에 걸쳐 문제가 생기게 된다.

4) 명궁은 수명을 주관한다.

명궁이 넓고 두툼한 듯 밝고 윤기가 있는 사람은 건강하게 오래 산
다. 인당이 좁은 사람은 몸이 약한 경우가 많다.

5) 명궁은 마음과 통하는 곳이다.

눈이 마음의 창이라면 명궁은 마음을 반영하는 곳이다. 명궁이 넓고
좋은 사람은 마음이 너그럽다. 명궁 아래 산근이 낮거나 가늘지 않아서
명궁을 잘 받쳐 주면 정신력이 강하므로 학문에 통달하게 된다. 명궁이
좁으면 시야가 좁고 이해심이 부족한 경우가 많다. 그러므로 명궁이 좁
으면 전공을 선택할 때 아주 전문화된 특정 분야를 택하는 것이 좋다.
사업을 한다면 크게 하지 말고 작고 알차게 운영하는 것이 좋다. 명궁이

너무 넓어도 좋지 않다. 너무 느긋하고 정신력이 헤이하기 쉽다. 이런 사람은 무심코 낭비하기 쉽다. 명궁이 너무 넓은데다가 두툼하게 발달하면 오히려 머리가 나쁘다. 모든 것은 적당한 것이 좋다.

6) 명궁과 직업

나온 것은 양이요 들어간 것은 음이다. 인당이 두툼한 사람은 양(陽)적인 특성이 있어 활동적이다. 정치, 경제, 스포츠, 군인 등 각종 활동적인 직업 분야에 적합하다. 인당이 들어간 사람은 음(陰)적인 특성이 있다. 사상, 철학, 예술, 교육 분야 등에 좋다. 인당에 사마귀 같은 검은 점이 있으면 출가하여 스님이나 신부님이 되는 것이 좋다. 인당이 너무 많이 나오면 성격이 강하여 사람들을 억누르는 경우가 있다. 인당이 너무 깊은 경우 정신력이 약하여 문제가 생길 수 있다. 건강도 약하여 질병으로 고생하는 경우가 많고 성격도 우울해질 수 있다. 이 경우는 사업을 하는 것보다는 직장 생활을 하는 것이 좋다.

7) 명궁에 있는 주름 현침문(懸針紋)

명궁에 세로로 주름이 있는 것을 현침문이라고 한다. 현침문이 있으면 살아가면서 고난을 많이 겪게 되어 좋지 않다.

가) 주름이 하나일 경우

굵고 진한 주름이 하나가 있을 때는 성격이 완고하고 강인하며 구두쇠 기질이 있다.

나) 주름이 둘일 경우

나이가 들면 대개 인당의 양쪽으로 두 개의 주름이 생긴다. 주름이 두 개일 경우 하나인 경우보다는 융통성이 있다.

다) 주름이 셋 이상일 경우

성격이 복잡하고 고민이 많고 사소한 일에도 걱정을 많이 하는 경향이 있다. 적극적이고 긍정적인 자세를 갖도록 하여야 한다.

8) 명궁의 색

명궁은 피부색이 맑고 윤이 나야 한다고 하였다. 명궁을 보아서 색이 맑고 선홍색이 좋다. 윤기가 없고 흐리면서 검은색, 탁한 붉은색, 검붉은색, 푸른색 등은 좋지 않다. 운이나 건강이 나쁘다는 뜻이다. 인당이 탁한 붉은 색을 띄면 손재수와 구설수가 생기니 조심해야 한다. 탁한 검정 색일 경우 건강에 유의해야 한다. 흑색이 진해지고 얼굴이 검어지면 목숨이 위태로워진다. 탁한 푸른색이 생겨도 급속하게 건강이 나빠지거나 손재수도 있게 된다.

명궁관리법

(1) 양손바닥을 비벼서 열을 낸 후 왼손 중지와 약지를 벌려서 양쪽 눈썹 산의 위치에 올려놓는다.

(2) 동작을 연결하여 오른손 엄지를 이용하여 왼쪽방향으로 가볍게 명궁부위를 풀어준 후 압을 가하면서 위를 향해 지그시 눌러준 후 같은 방법으로 오른쪽 방향으로 가볍게 명궁부위를 풀어준 후 압을 가하면서 위를 향해 지그시 눌러준다. 미간의 주름 정도에 따라 반복적으로 여러 번 해도 상관없다.

(3) 이어서 오른손 엄지를 이용하여 명궁의 피부 표면을 살짝 끌어
당기듯이 올려준 후 왼손 엄지를 오른손 엄지에 올려놓고 둥글
리면서 압을 가해 지그시 눌러준다.(같은 동작을 3회 반복한다)

(4) 동작을 연결하여 명궁에서 관록궁을 지나 발제부위까지 3등분하
여 양손 바닥을 넓게 이용하여 피부 표면을 살짝 끌어올려주듯
이 마사지를 실시한 후 발제 부위를 넓게 오른손 장근 위에 왼
손 장근을 올려놓고 둥글리면서 압을 가해 지그시 눌러준다.

(5) 동작을 연결하여 양손바닥을 비벼서 열을 낸 후 오른손 엄지손
가락의 이면을 넓게 이용해 명궁 부위에 올려놓고 그 위에 왼손
엄지손가락의 압을 이용해 둥글리면서 지그시 압을 주며 마무리
한다.

명궁관리법

2. 재물운을 나타내는 재백궁(코)

재백궁(財帛宮)에서 재(財)자는 재물이란 의미이다. 백(帛)자는 비단 백자이다. 이렇게 이름이 의미하는 대로 재백궁은 돈과 재물 등의 동산(動産)을 보는 곳이다. 재백궁인 코는 재물이 얼마만큼 있는가를 판단하는 기준이 되는 곳이다. 관상에서 부유하게 사는 사람의 상을 이야기할 때, 중요한 부분이 코이다. 그러나 재백궁을 관찰할 때는 코만 보아서는 안 된다. 얼굴 전체의 균형과 조화를 보아야 한다. 그리고 전택궁인 눈도 잘 살펴보아야 한다.

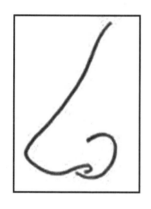 

1) 재백궁인 코의 형태는

가) 곧고 바른 모양을 하여야 한다.

콧날이 휘거나 굴곡이 있는 것은 좋지 않다. 인당에서 준두까지 콧등이 일직선으로 곧게 내려와야 하며 좌우로 삐뚤어지지 않아야 한다. 옆에서 보아도 콧날이 반듯하고 직선의 형태를 이루고 있어야 한다. 삼정에서 중정의 길이 대부분이 코의 길이이다. 얼굴의 거의 삼분의 일 정도가 된다.

나) 산근(山根)이 꺼지지 않아야 한다.

눈과 눈 사이의 코의 뿌리가 되는 부분이 낮은 것은 좋지 않은 형상이다. 반대로 산근이 너무 높아도 좋지 않다. 인당보다 약간 들어간 듯해야 한다.

다) 전체적으로 살이 있어야 한다.

콧날과 준두 그리고 난대 정위 모두 살이 풍성한 것이 좋다.

라) 준두(準頭 : 코끝)가 둥글고 풍성해야 한다.

코가 인당에서부터 뻗어 내려와 그 기운이 뭉치는 곳이 준두이다. 코에서 가장 핵심이 되는 부분이다. 이곳에 살이 풍성하여야 재복이 많은 것이다.

마) 양쪽의 콧방울이 두툼하게 받쳐 주어야 한다.

콧방울의 왼쪽을 난대(蘭台) 오른쪽을 정위(正尉)라 한다. 난대 정위로 같이 부르거나 줄여서 난정(蘭廷)이라고 하기도 한다. 난대와 정위의 이름을 금갑(金甲)이라고도 한다.

바) 콧구멍이 적당하여야 한다.

콧구멍이 너무 크거나 적지 않아야 한다. 또 코가 들려 콧구멍이 훤하게 보이는 것도 좋지 않다.

사) 코의 색이 밝고 윤이 나야 한다.

코의 피부는 맑고 깨끗하여야 한다. 색이 어둡거나 피부에 주름이나 점 흉터가 없어야 한다.

2) 재물복이 적은 상은 어떤 것일까?

가) 콧등이 휘거나 코의 윗부분인 산근이 움푹 들어가서 끊어진 것 같은 모양을 하면 재복이 적다. 코의 길이가 짧아도 콧등에 마디가 있거나 굴곡이 있어도 좋지 않다. 성공과 실패가 반복된다. 이러한 사람은 사업하는 것보다 안전한 직장 생활이 더 좋다.

나) 코끝에 둥글게 살점이 맺혀 있는 것이 좋다. 준두가 빈약하고 날카롭게 생기면 재복이 없다. 콧등이 매의 부리처럼 휘고 준두가 뾰족하고 아래로 숙인 모양을 하면 마음이 각박하고 가난해진다.

다) 코에 살이 없는 것과 코의 중간에 뼈가 옆으로 퍼져 있는 것은 고독하면서 가난한 상이다.

라) 난대와 정위가 작고 살이 없어 얇팍한 것은 좋지 않다. 이마에서 인당 콧날을 거쳐 코끝까지 쭉 이어져 준두에 기운이 맺히듯, 준두의 모양이 둥글고 살이 풍성하더라도 난대와 정위가 빈약하면 재산을 모으기 어렵다. 난대와 정위는 벌어들인 재물을 쌓아 두는 창고와 같다.

마) 콧구멍이 너무 크면 낭비를 하는 경향이 있다. 저축을 하고 충동구매를 하지 않도록 조심하여야 한다. 반대로 콧구멍이 작으면 구두쇠 기질이 있다. 너무 쓸 줄 몰라서 발전에 지장이 생기는 예도 있다. 코가 들려서 콧구멍이 훤히 드러나는 것도 좋지 않다. 이러면 재물이 잘 새 나간다.

바) 코에 주름살이나 흉터 그리고 사마귀나 점들은 좋지 않다. 코의 색은 맑고 밝아야 한다. 코의 색이 어두워지면 경제적인 어려움을

겪게 된다. 반대로 보통이었다가 밝아지면 재물이 들어오게 된다. 코에 주름살이나 점 사마귀 등이 있으면 경제적인 어려움을 많이 겪게 된다. 코의 형태가 좋더라도 재복이 감해지는 것이다.

사) 코가 너무 높으면 성공과 실패를 여러 차례 겪게 된다. 코가 너무 낮으면 재복이 적다. 코가 짧은 것도 좋지 않다. 코가 짧다는 것은 코가 들리거나 중정이 짧은 것이니 재복이 좋을 수 없다.

재백궁 관리법

(1) 양손바닥을 비벼서 열을 낸 후 양손 중지를 이용하여 전택궁 시작점인 눈앞머리를 지그시 눌러서 풀어준 후(같은 동작을 3회 실시한다)

(2) 동작을 연결하여 왼쪽 전택궁 시작점인 눈앞머리와 중악인 코의 측면 부위에 오른손 엄지 전체 이면을 얹혀놓고 왼손 장근의 압을 이용하여 왼쪽 전택궁 시작점인 눈앞머리와 중악인 코의 측면 부위를 위에서 아래로 향해 동시에 지그시 눌러준다.(같은 동작을 3회 실시한다)

(3) 같은 방법으로 오른쪽 전택궁 시작점인 눈앞머리와 중악인 코의 측면 부위에 오른손 엄지 전체 이면을 얹혀놓고 왼손 장근의 압을 이용하여 오른쪽 전택궁 시작점인 눈앞머리와 중악인 코의 측면 부위를 위에서 아래로 향해 동시에 지그시 눌러준다.(같은 동작을 3회 실시한다)

(4) 이어서 양손 엄지의 첫째 마디 튀어나온 부분을 이용하여 코의

양쪽 측면부위를 안에서 밖을 향하여 압을 가하면서 누르듯 둥글게 원을 그리는 마사지를 8회 실시한다.

(5) 동작을 연결하여 양손 엄지 지문을 이용하여 질액궁 부위를 아래에서 위를 향해 지그재그로 풀어주는 동작을 8회 하고 오른손 엄지 위에 왼손엄지를 얹혀 놓고 명궁부위를 둥글리면서 압을 가해 눌러준다.(같은 동작을 3회 실시한다)

(6) 동작을 연결하여 전택궁 시작점인 눈앞머리를 누른 후 눈 옆인 처첩궁으로 둥글게 내려가면서 양손 중지와 약지를 모아 콧방울을 감싸듯이 동그랗게 8회 마사지하고 양쪽 콧방울을 누르면서 동시에 콧방울을 향해 튕겨준다.(같은 동작을 3회 실시한다)

(7) 이어서 양손 중지와 약지를 모아 콧방울을 시작점으로 콧대를 감싸 주듯이 올려주면서 힘차게 오르내리는 동작을 8회 한 후

(8) 바로 이어서 전택궁 시작점인 눈앞머리를 양손 중지를 이용하여 꾹 누른 후 눈 주위를 한 바퀴 돌아서 다시 전택궁 시작점인 눈앞머리를 지그시 눌러준다.(같은 동작을 3회 실시한다)

(9) 동작을 연결하여 코 중간의 측면 부위를 양손 중지와 약지를 모아 같은 동작으로 밖에서 안으로 8회 둥글려 포인트 압을 주고 다시 안에서 밖을 향해 8회 둥글려 포인트 압을 준 후 동작을 연결하여 전택궁 시작점인 눈앞머리를 누른 후 산근을 향해 양손을 번갈아 가면서 쓸어 올려주는 동작을 8회 한 후 동작을 연결하여 오른손 중지와 약지를 명궁자리에 놓고 왼손 중지와 약지의 힘을 이용하여 꾹 누른다.(같은 동작을 3회 실시한다)

10) 양손바닥을 비벼서 열을 낸 후 양손으로 콧대를 중심으로 양쪽으로 나누면서 중간의 측면 부위를 양쪽 관골 방향을 향하여 양쪽 귀를 향해 가볍게 힘을 빼주며 마무리 한다.(같은 동작을 3회 실시한다)

재백궁 관리법

3. 형제운을 나타내는 형제궁(눈썹)

양 눈썹은 형제궁(兄弟宮)이다. 형제궁을 보면 형제와 친구 동료에 대하여 알 수 있다. 또한, 사람들에게 인기가 있는지 살펴보는 곳이기도 한다. 형제궁으로 가늠할 수 있는 것은 말 그대로 형제나 자매들과의 관계이다. 형제궁은 눈썹 자체만을 보는 것이 아니라 눈썹과 그 주변의 피부까지 살펴본다. 거친 눈썹은 좋지 않고 초승달 모양에 부드럽게 고른 결을 가진 눈썹이 가장 좋다. 이러한 눈썹을 가진 사람은 형제간에 우애가 좋으며 평생 서로에게 버팀목이 되어줄 든든한 관계가 유지된다. 눈썹이 길면 형제가 많고 짧으면 적다. 눈썹의 길이가 눈보다 길면 영화를 누리고 털이 곱고 단정하며 초승달 같으면 형제가 화목하고 영화를 누린다. 눈썹이 거칠고 짧거나 지저분하면 독자 아니면 형제간에 화목하지 않다. 또 고독하며 인덕이 없다. 눈썹이 아래로 휘어진 자는 동기간이 적고 두 갈래로 갈라지면 배 다른 형제가 있을 수 있으며 두 어머니를 모시게 되는 수가 있다. 눈썹이 마주 닿고 빛이 누러면 타향에서 사고를 당할 수가 있으며 눈썹이 아름다운 사람은 마음도 선량하고 눈썹이 곱지 못한 사람은 마음도 아름답지 못하다. 눈썹과 눈이 붙은 사람은 감정이 자주 변한다. 흉악범의 눈썹은 지저분하고 듬성듬성 나있다. 그리고 너무 짙고 좁아서 눈과 붙은 것 같다.

여자는 눈썹이 깨끗하고 단정하며 초승달같이 아름다운 사람이 지조가 높고 품행이 바르며 좋은 신랑감을 얻는다. 여자 눈썹이 너무 짙거나 듬성듬성하거나 거칠고 깨끗하지 못하면 남편 덕이 없고 풍파가 많고 재운도 나쁘며 고독하다.

1) 눈썹의 형태

가) 눈썹은 단정하고 아름다워야 한다. 색은 검고 윤택이 있어야 한다. 길이는 눈보다 길고 수려해야 한다.

나) 숱이 너무 많아도 너무 적어도 좋지 않다. 눈썹이 너무 빽빽하고

숱이 많은 것은 좋지 않게 본다. 눈썹을 보아 약간 숱이 적은 듯하고 눈썹 사이로 피부가 보이는 것이 좋다. 눈썹이 중간에 끊어지거나 빠지지 않아야 한다.

다) 양쪽 눈썹이 붙지 않아야 한다. 눈썹의 털이 한 방향으로 가지런해야 한다. 눈썹이 일어 서 있는 것이나 흩어진 형상 또는 회오리치는 형상은 좋지 않다.

2) 눈썹의 형태와 형제

가) 형제간에 우애 있고 화목한 눈썹

(1) 눈썹이 단정하고 맑다.

(2) 눈썹이 길고 수려하여 난초 같이 생겼다.

(3) 눈썹 털이 가지런하고 눈썹이 약간 성긴 듯하다.

(4) 눈썹 털이 약간 가는 듯하고 윤이 난다.

(5) 초승달같이 모양이 아름답고 맑은 신월미(新月眉)도 좋다.

나) 형제간에 문제가 있는 눈썹

(1) 눈썹이 짧고 거칠면 형제가 흩어지기 쉽다.

(2) 눈썹이 너무 짙고 탁하면 형제간에 멀어지고 외로워지기 쉽다.

(3) 눈썹이 끊어져 있으면 형제가 드물다.

(4) 눈썹의 숱이 너무 적으며, 눈썹이 있어도 없는 것 같이 보이는 경우 형제간에 정이 없다.

(5) 눈썹의 끝 부분이 회오리치는 듯 한 형상이면 형제간에 원수같이 지내게 된다.

(6) 눈썹이 서로 붙어 있으면 형제간에 서로 방해가 된다.

(7) 양 눈썹의 모양이 다른 경우 이복형제가 있을 수 있다.

형제궁 관리법

(1) 양손바닥을 비벼서 열을 낸 후 좌우 눈썹앞머리 부위를 엄지와 검지 사이에 감싸듯 끼어서 형제궁인 눈썹 아래 부위를 엄지를 이용하여 위로 끌어당기듯 밀어 올려주고 검지는 엄지를 잡아 끌어당겨주는 동작으로 잡아 준 후 수 초간 동작을 멈춘다. 같은 방법으로 눈썹중앙부위와 눈썹꼬리부위를 각 각 같은 방법으로 실시한다.

(2) 동작을 연결하여 왼쪽 눈썹앞머리 부위를 시작점으로 하여 눈썹 뒷머리 부위까지 오른손엄지위에 왼손 엄지를 올려 왼손엄지의 지문의 힘을 이용하여 적당한 압을 가하면서 밀어준다.(같은 동작을 3회 실시한다) 같은 방법으로 오른쪽도 실시한다.

(3) 동작을 연결하여 오른손 주먹을 가볍게 쥐고 왼손바닥을 넓게 펴서 오른손 주먹위에 얹혀 놓고 오른손 엄지첫째마디를 이용하여 왼쪽 눈썹앞머리 부위에서 왼쪽 눈썹뒷머리부위를 향해 왼손의 힘을 이용해 적당한 압력으로 교차로 밀어준다.(같은 동작을 3회 실시한다) 같은 방법으로 오른쪽도 실시한다.

(4) 동작을 연결하여 양손 엄지와 중지의 지문을 이용하여 가볍게 왼쪽 눈썹 피부 표면을 살짝 꼬집으며 튕겨 빼주는 동작을 실시한다. 오른쪽 눈썹도 같은 방법으로 동시에 실시한다.

(5) 동작을 연결하여 양손바닥을 비벼서 열을 낸 후 손바닥전체를

이용하여 넓게 명궁을 시작점으로 양쪽으로 나누어서 눈썹부위 전체를 적당한 압을 가하여 양손 엄지의 손가락 전체를 넓게 이용하여 천이궁 쪽으로 빼주며 마무리 한다.(같은 동작을 3회 실시한다)

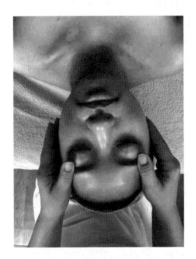

형제궁 관리법

· ·

4. ᄀᆞ 부동산운을 나타내는 전택궁(눈)

전택궁(田宅宮)은 평생의 주거운을 볼 수 있는 곳이다. 이 위치의 크기나 빛깔 등에 따라 어떠한 집에서 살게 될지를 가늠할 수도 있다. 이 궁의 위치는 눈과 눈썹의 사이 눈꺼풀 부분을 가리키며 이곳으로 평생의 집에 대하여 운을 예측할 수 있게 된다.

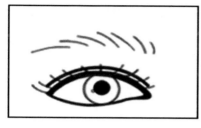

　좋은 전택궁은 넓고 맑은 빛을 띠며 상처가 없다. 이곳에 만일 상처가 있으면 부모의 좋은 집이나 재산을 물려받지 못할 경우가 발생하게 되며 넓고 맑은 빛을 지닐 경우 일생을 좋은 집에서 평안하게 지내게 되며 많은 토지를 소유하게 될 수 있다. 눈동자가 검어 흑백이 뚜렷하면 재산이 많이 모인다. 눈이 가늘고 길면 부귀하다. 눈동자에 붉은 줄이 있으면 초년에 조상의 유산을 모두 탕진하고 말년에 곤궁하게 된다. 눈동자가 흐려 광채가 없으면 재산을 모으기가 어렵다. 눈이 붉고 흰자위가 많은 사람은 비명횡사한다.

1) 전택궁(田宅宮)이 좋은 경우

　가) 강물은 굽이굽이 곡선을 이루고 흘러간다. 그러므로 눈의 형상은 갸름하고 모양이 부드러운 곡선을 이루어야 한다. 길고 수려한 눈(眼)에 눈썹이 높으면 재산(財産)이 풍성해진다.

　나) 눈은 빛나고 윤기가 있어야 한다. 눈은 태양과 달에 비유한다. 빛이 나야 한다. 흰자위의 색이 희고 윤기가 있어야 한다.

　다) 흰자위의 검은 동자가 분명해야 한다. 천창과 지고가 풍성하여야 한다.

라) 눈동자가 작고 검은 옻칠을 한 것과 같은 점칠지안(點漆之眼)이면 평생토록 사업이 번창하고 재복이 강하다. 눈꺼풀은 두터운 쪽이 좋다.

2) 전택궁이 좋지 못한 경우

가) 전택궁인 눈에서 가장 꺼리는 것이 흰자위에 붉은 핏줄이 생겨 검은 눈동자에까지 침범하는 것이다. 이런 눈은 재산을 탕진하고 모으기가 어렵다.

나) 눈동자가 말라 있거나 붉게 충혈 되면 재산을 지키기 어렵다.

다) 눈빛이 흐리고 몽롱하거나 취한 것 같은 눈은 부동산을 얻기 어렵다. 눈동자에 검은 점이나 흠이 있는 경우는 주거가 불안정하여 이사를 자주 다니게 된다.

라) 눈이 충혈 되거나 색이 탁하게 되면 재산상의 어려움이 생긴다. 일시적인 피로에 의해 눈이 충혈 되는 것은 큰 문제가 없다.

마) 양쪽 눈이 다르게 생기고 눈동자가 돌출하면 재산이 있더라도 보전하기 어렵고 재산이 흩어지게 된다.

바) 천창과 지고에 결함이 있는 사람은 재산을 얻기 어렵다. 눈꺼풀이 얇은 것은 좋지 못하다.

전택궁 관리는 전택궁, 자녀궁(와잠)과 함께 처첩궁(부부궁)까지 동시에 관리를 해야 한다.

(1) 양손바닥을 비벼서 열을 낸 후 양손 중지를 이용하여 전택궁 시작점인 눈앞머리를 지그시 눌러서 풀어준 후 동작을 연결하여 올라오면서 형제궁 시작점인 눈썹앞머리를 위를 향해 둥글리면서 압을 가해 지그시 누르면서 풀어준다.(같은 동작을 3회 실시한다)

(2) 동작을 연결하여 부모궁 시작점 자리, 어미간문을 거쳐 관자놀이 부위 움푹 들어간 부분인 처첩궁 부위를 위로 쭉 당겨주고 둥글리면서 압을 가해 누르면서 풀어준다.(같은 동작을 3회 실시한다)

(3) 양손바닥을 비벼서 열을 낸 후 양손 엄지의 넓은 면을 이용하여 가볍게 압을 주어 눈 안쪽에서 눈 바깥쪽을 향해 밀어내듯이 빼준다.(같은 동작을 3회 실시한다)

(4) 왼쪽 전택궁 위에 오른손엄지를 올려놓고 그 위에 왼손 엄지손가락을 얹혀 가볍게 압을 주어 전택궁 안쪽에서 전택궁 바깥쪽을 향해 처첩궁까지 밀어내듯이 빼준다.(같은 동작을 3회 실시한다) 오른쪽 전택궁도 같은 방법으로 실시한다.

(5) 동작을 연결하여 양손 중지를 이용하여 양쪽 전택궁 시작점인 눈앞머리를 지그시 눌러서 풀어준 후 동작을 연결하여 양손 엄지를 이용하여 와잠부위를 둥글리면서 가볍게 압을 가해 지그시 눌러서 눈앞머리에서 어미간문 쪽을 향해 3등분하여 풀어준다.

(같은 동작을 3회 실시한다)

(6) 동작을 연결하여 엄지를 제외한 양손 사지를 이용하여 피아노 컨반을 튕겨 주듯이 리듬을 타면서 전택궁, 자녀궁(와잠)과 함께 처첩궁(부부궁)까지 원을 그리며 가볍게 두드려준다.

(7) 양손바닥을 비벼서 열을 낸 후 양손 엄지의 이면을 이용하여 가볍게 압을 주어 와잠 부위 안쪽에서 와잠 부위 바깥쪽을 향해 밀어내듯이 아주 가볍게 빼주며 마무리한다.(같은 동작을 3회 실시한다)

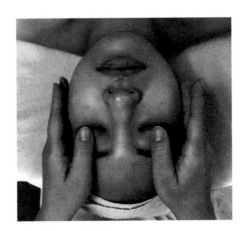

전택궁 관리법

5. 자녀운을 나타내는 자녀궁

두 눈의 아래 눈꺼풀이 자녀궁(子女宮)이다. 이곳은 마치 누에가 옆으로 누워 있는 것 같이 좌우로 길게, 약간 도톰하게 나와 있어 와잠(臥蠶)이라고도 한다.

와잠 아래쪽에 약간 들어간 부위가 누당(淚堂)이다. 자녀궁에서는 이름처럼 자녀관계에 관한 것들을 알 수가 있다. 자식운을 볼 때는 와잠이 기본이 되며 귀와 인중 그리고 눈을 참고로 보아야 한다. 누당이 움푹 패거나 빛이 검은 사람은 자식을 낳지 못한다. 혹 자식을 낳는다 해도 실패한다. 누당의 검은 점이나 흉터는 말년에 자손을 극한다. 와잠이 검푸르면 탐음하는 사람으로 성병에 걸릴 수 있고 정력이 약하다. 와잠이 검푸르거나 지저분하게 생기면 음침하고, 독하고, 몰인정하다. 눈이 붉고 흰자위가 많은 사람은 비명횡사한다. 인중에 골이 분명치 않아도 자식을 두기 어렵다.

자녀궁은 특히 다른 곳보다도 색깔에 의하여 알 수 있는 것들이 많다. 이곳의 색깔에 따라 많은 것들이 추측 가능하다. 이 부분이 푸른색 빛을 띠는 경우 이성문제로 신경을 쓰고 있는 것이며 이곳이 붉은 혈색을 띠게 될 경우 좋은 이성관계가 지속되고 있음을 말한다. 혼사에 있어서도 이곳의 기운을 살펴 그 혼사의 성사 여부와 길흉 여부를 알 수 있으니 붉은 빛을 띠는 경우는 좋은 혼사라고 볼 수 있으나 어두운 빛을 띨 경우 흉한 혼사가 된다.

1) 와잠이 좋은 경우

가) 와잠은 약간 도톰하여 누에가 옆으로 누워 있는 듯 한 형상이어

야 한다. 와잠의 살집이 풍만하고 혈색이 좋으며 인중의 골이 또렷하면 아들을 두게 된다.

나) 와잠(臥蠶)은 빛이 맑고 윤택해야 한다. 눈동자 부위가 꺼지지 않고 와잠이 밝고 윤이 나면 자식들이 귀해진다. 피부가 깨끗하고 주름이나 점, 사마귀 등이 없어야 한다.

2) 와잠이 좋지 못한 경우

가) 눈동자 부위가 쑥 들어가고 와잠 부위가 움푹 들어간 것은 좋지 않다. 만약에 눈 부위가 움푹 들어가 누당(淚堂)이 깊이 꺼져 있으면 자식과 인연이 박해진다. 여기에 더하여 인중까지 평평하면 자식이 없는 경우까지 생긴다. 와잠 주변의 피부가 거친 것은 좋지 않다.

나) 주름이나 점이 있는 것은 좋지 않다. 검은 사마귀나 구불구불한 무늬가 있으면 늙어서 자손과 사이가 나빠지다. 검은 점이나 주름은 자식을 극하는 형상으로 심하면 자식을 직접 키우지 못하고 떨어져 살게 된다.

다) 색이 어둡고 탁한 것은 좋지 않다. 여성의 와잠이 너무 검고 탁하면 자궁에 이상이 있다는 신호이므로 정밀 검사를 받아 보는 게 좋다.

라) 피로하지 않은데 와잠 부위가 불룩해지고 홍색이나 푸른색을 띠면 임신이 되었는지 본다. 와잠 부위가 탁한 붉은색일 경우 출산에 어려움을 겪게 된다.

자녀궁 관리는 전택궁, 처첩궁까지 동시에 관리를 해야 한다.

(1) 양손바닥을 비벼서 열을 낸 후 양손 중지를 이용하여 전택궁 시
작점인 눈앞머리를 지그시 눌러서 풀어준 후 동작을 연결하여 올
라오면서 형제궁 시작점인 눈썹앞머리 위를 향해 둥글리면서 압
을 가해 지그시 누르면서 풀어준다.(같은 동작을 3회 실시한다)

(2) 동작을 연결하여 부모궁 시작점 자리, 어미간문을 거쳐 관자놀
이 부위 움푹 들어간 부분인 처첩궁 부위를 위로 쭉 당겨주고
둥글리면서 압을 가해 누르면서 풀어준다.(같은 동작을 3회 실
시한다)

(3) 양손바닥을 비벼서 열을 낸 후 양손 엄지의 넓은 면을 이용하여
가볍게 압을 주어 눈 안쪽에서 눈 바깥쪽을 향해 밀어내듯이 빼
준다.(같은 동작을 3회 실시한다)

(4) 동작을 연결하여 왼쪽 자녀궁 위에 왼손엄지를 올려놓고 그 위
에 오른손 엄지손가락을 얹혀 가볍게 압을 주어 자녀궁 안쪽에
서 바깥쪽을 향해 처첩궁까지 밀어내듯이 빼준다.(같은 동작을 3
회 실시한다) 오른쪽 자녀궁도 같은 방법으로 실시한다.

(5) 동작을 연결하여 양손 중지를 이용하여 전택궁 시작점인 눈앞머
리를 지그시 눌러서 풀어준 후 동작을 연결하여 양손 엄지를 이
용하여 와잠부위를 둥글리면서 가볍게 압을 가해 지그시 눌러서
눈앞머리에서 어미간문 쪽을 향해 풀어준다.(같은 동작을 3회 실
시한다)

(6) 양손바닥을 비벼서 열을 낸 후 엄지의 지문을 이용하여 가볍게 압을 주어 와잠 부위 안쪽에서 바깥쪽을 향해 밀어내듯이 아주 가볍게 빼준다.(같은 동작을 3회 실시한다)

(7) 양손바닥을 비벼서 열을 낸 후 양손 엄지손가락 전체 이면을 이용하여 가볍게 압을 주어 와잠 부위 안쪽에서 바깥쪽으로 밀어내듯이 아주 가볍게 빼주며 마무리한다.(같은 동작을 3회 실시한다)

자녀궁 관리법

6. ♈ 아랫사람 운을 나타내는 노복궁

지각(地閣, 입의 아래턱 부분)이 노복궁이다. 노복궁은 부하 등, 자신을 따르는 아랫사람을 보는 곳이다. 즉 아랫사람의 덕이 있는가를 보는 곳이다. 노복궁을 볼 때는 지각 외에 입과 턱 전체를 살펴야 한다. 노복궁은 광대뼈와 턱 사이 볼 부분을 일컫는다. 흔히 볼떼기라고 하는 부분을 말하며 이 부분의 생김에 따라 남에게 부림을 받게 되는지 아니면 남을 부리고 살게 되는지를 판단하며 나를 둘러싸고 있는 사회적 지위관계를 가늠한다.

노복궁은 적당히 도톰하고 발그스레한 것이 좋다. 노복궁에 살이 없이 쑥 들어가 광대뼈가 도드라져 보이는 것은 좋지 않다. 턱이 뾰족하거나 턱이 비뚤어진 사람은 아랫사람의 인연이 약하고 배은망덕한 부하를 둔다. 턱 부위에 잔주름이 많고 움푹하거나 사마귀 등으로 흠이 있으면 아랫사람으로 인하여 손해를 본다.

노복궁은 말년을 보는데 이곳이 좋으면 말년이 좋고 행복을 누린다.

 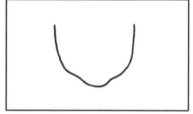

1) 지각이 좋은 경우

가) 지각은 전체적으로 풍만하여야 한다.

나) 턱의 형태는 둥근 것이 좋다.

다) 지각에는 살이 두툼해야 한다.

라) 지각은 피부가 맑고 깨끗해야 좋다.

마) 지각이 풍성하고 입이 네모져 큰 사람은 많은 사람위에 군림하는 권세를 갖게 된다.

바) 지각은 약간 앞으로 나와서 기운을 위쪽으로 보내주는 듯 한 형

상이 좋은 모습이다.

노복궁이 이와 같으면 사람이 온유하여 아랫사람들이 많이 모이고 아랫사람의 도움으로 일을 성취하기 좋다.

2) 지각이 좋지 못한 경우

지각이 다음과 같은 모양일 때는 아랫사람의 덕이 부족해진다.

가) 턱이 꺼지거나 뒤로 물러난 것은 좋지 않다. 턱이 너무 발달하여 과하게 많이 나온 것도 좋지 않다. 이런 경우에는 아랫사람의 덕이 부족해진다.

나) 턱이 뾰족한 것은 좋지 않다. 아랫사람에게 베풀어도 덕이 없어 공 없는 소리를 듣게 된다. 살이 빈약한 것도 좋지 않다.

다) 지각이 어두워지면 아랫사람으로 인해 손해를 보게 된다.

라) 지각이 빈약한 사람은 많은 사람을 거느리고 하는 일보다는 전문화된 업종을 택하여 사람을 많이 두지 않는 일이 좋다.

◤ 노복궁 관리법

(1) 양손바닥을 비벼서 열을 낸 후 오른손 엄지를 이용하여 왼쪽방향으로 가볍게 인중을 풀어준 후 압을 가하면서 위를 향해 지그시 눌러준 후 같은 방법으로 오른쪽 방향으로도 가볍게 풀어주고 압을 가하면서 위를 향해 지그시 눌러준다. 인중의 주름 정도에 따라 반복적으로 여러 번 해도 상관없다.

(2) 동작을 연결하여 코 옆과 입 주변을 둥글리면서 지그시 눌러 좌우로 3회씩 풀어준다.

(3) 오른손 엄지손가락 첫째 마디 튀어나온 뼈를 이용하여 인중 홈을 좌우로 수회 둥글리면서 지그시 반복적으로 풀어준다.

(4) 동작을 연결하여 입술 중앙에서 좌. 우 윗입술 끝을 향해 잇몸 위 부분을 넓게 아래에서 위를 향해 양손 주먹을 가볍게 쥐고 손가락 전체 둘째 마디 튀어나온 뼈를 이용하여 파동을 타고 잇몸 근육을 풀어준 후 관골을 향해 위로 끌어올리는 동작으로 지그시 눌러준다.(같은 동작을 3회 반복한다)

(5) 입술을 사이에 두고 잇몸 부위와 턱 부위를 양손 엄지를 이용하여 지그재그로 8회 마사지를 한 후

(6) 동작을 연결하여 검지와 중지 사이에 입술을 끼워 좌우로 양손을 번갈아 가면서 지그재그로 양쪽 입술 끝에서 양쪽 입술 끝을 향해 8회 반복적으로 마사지를 한 후 인중 홈과 턱 중앙 부위를 동시에 둥글리면서 지그시 눌러준다.

(7) 동작을 연결하여 오른손 사지를 턱 밑에 놓고 왼손 사지의 힘을 이용하여 턱을 위로 가볍게 당겨주는 동작을 하면서 턱 밑을 지그시 꾹 눌러준다.(같은 동작을 3회 반복 실시한다)

(8) 동작을 연결하여 오른손 사지를 이용하여 턱 선 중앙에서 왼쪽 턱 선을 따라 귀 밑까지 턱 근육을 끌어올려주는 동작을 8회 한 후 왼손 사지를 오른손 사지 위에 올려놓고 지그시 압을 준다. (같은 동작을 3회 반복 실시한다)

(9) 오른쪽 턱 선도 같은 방법으로 3회 실시한다.

(10) 동작을 연결하여 턱 선 전체와 입술 사이에 양손의 엄지를 이용하여 인중과 아래턱을 기점으로 평행선을 그리듯이 힘차게 반복적으로 마사지를 한 후 인중과 아래턱을 지그시 위를 향해 눌러준다.(같은 동작을 3회 반복 실시한다)

(11) 턱 밑을 기점으로 양 턱 선 아래쪽을 양손 엄지를 제외한 손가락 면을 이용하여 귀밑까지 밀어서 위로 끌어당기는 동작을 강약을 조절하면서 8회 한 후 귀 밑에 압을 가해 지그시 눌러준다.

(12) 동작을 연결하여 왼쪽 턱 선을 양손 엄지를 턱 선 위에 끼우고 검지를 포함한 나머지 손가락을 모아 턱선 아래 사이에 끼고 턱 선 중앙에서 왼쪽 턱 선을 따라 왼쪽 귀 밑까지 교차로 끌어올리는 동작을 8회 한 후 지그시 압을 준다.

(13) 같은 방법으로 오른쪽 턱 선도 실시한다.

(14) 동작을 연결하여 양손을 가볍게 주먹을 쥐고 턱 중앙을 기점으로 귀를 향해 3등분 한 후 양쪽 턱 선을 파동마사지를 하며 올라가면서 귀 밑에서 주먹을 쥔 상태로 지그시 눌러준다.(같은 동작을 3회 반복 실시한다)

(15) 양손 전체의 손가락 힘을 뺀 후 손가락 끝을 이용하여 왼쪽 턱 라인을 자연스럽게 아래에서 위를 향하여 바이브레이션 동작을 반복적으로 빠르게 8회 실시한 후 같은 방법으로 오른쪽 턱 라인도 실시한다.

(16) 양손 엄지와 중지를 이용하여 시골하부 전체를 꼼꼼하게 꼬집
어 튕겨주는 동작을 한다.

(17) 양손바닥을 비벼서 열을 낸 후 입을 기준으로 양손을 맞댄 후
귀 밑을 향해 손바닥을 넓게 펴 압을 가하면서 목 옆 선을 향
해 자연스럽게 힘을 빼준다.(같은 동작을 3회 실시한다)

노복궁 관리법

7. 남녀운을 나타내는 처첩궁

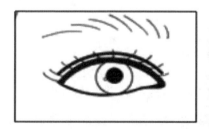

양쪽 눈 끝 부분이 처첩궁(妻妾宮)인데 다른 말로 배우자궁이라고 한다. 눈 끝 부분의 눈의 윗선과 아랫선이 만나는 어미(魚尾)에서 그 바깥쪽으로 머리카락 경계 부분까지가 처첩궁이다. 처첩궁은 배우자와 이성문제를 보는 곳인데 이곳의 위치나 생김에 따라 이성운이 결정된다. 스쳐지나가는 이성의 운을 보는 것뿐만 아니라 배우자에 대한 평생의 운, 즉 부부간의 금슬이나 가정의 화목 등 결혼생활의 길흉을 이곳에서 예측한다.

처첩궁은 상처 없이 깨끗하게 맑아야 좋으며 이곳에 주름이 많거나 상처가 있으면 좋지 않다. 처첩궁이 풍만하고 광대뼈가 너무 나오지 않은 남자는 아내의 재산을 얻게 되고 여자는 재력 있는 남자를 만난다. 처첩궁이 푹 꺼지면 남녀 모두 중혼을 하게 된다.

어미에 잔주름이 많으면 배우자가 병사하고 간문이 어둡고 지저분하면 부부간에 이별할 수도 있다. 처첩궁의 검은 점과 주름은 음란하고 이성교제가 복잡함을 말한다.

남편이 밖에서 이성관계를 자주 갖게 되면, 여자의 간문에 푸른빛이 돌고 아내가 외간남자와 사통을 하면 남자의 간문에 푸른빛이 돌게 된다. 눈에 광채가 살벌하면 남녀 공히 상부 상처한다.

1) 배우자궁이 좋은 경우

가) 평평하고 꺼지지 않아야 한다.

나) 살이 두터운 것이 좋다.

다) 피부가 맑고 윤기가 있어야 한다.

이 같은 경우에는 훌륭한 배우자와 결혼하게 되고 부부의 사이가 좋다. 그리고 코와 관골이 조화를 잘 이루면 결혼을 한 후에 재산이 불어난다. 청소년기에 이성교제를 많이 하는 사람은 대개 간문 부위가 평평하고 풍만한 것을 보게 된다. 간문이 들어간 사람들은 중매나 소개로 결혼하는 경우가 많다.

2) 배우자궁이 좋지 못한 경우

가) 배우자궁이 푹 꺼진 것은 좋지 않다. 간문이 너무 깊이 들어가 있으면 결혼 운이 좋지 않다. 살이 없고 얇은 것은 좋지 않다. 탁하거나 어두운 것도 좋지 않다. 미혼남녀가 우연히 교제를 시작하거나 소개 등으로 이성을 만나게 될 때에 간문 부위가 맑고 밝으면 좋은 상대를 만나게 된다. 선을 보러 나가는 사람의 배우자궁의 기색이 좋지 않으면 좋은 사람을 만날 수 없다.

나) 기혼자가 배우자궁의 기색이 좋지 않으면 부부 사이에 문제가 있거나 불만이 있는 것을 보게 된다. 남자는 왼쪽, 여자는 오른쪽 배우자궁의 기색이 좋지 않으면 자신이 상대에게 불만이 있는 경우이고 반대로 남자의 오른쪽 여자의 왼쪽 간문에 기색이 나쁘면 상대측에서 불만이 있는 경우이다.

다) 배우자궁에 주름이 어지럽거나 점, 흉터 등이 있는 것은 좋지 않다. 검은 사마귀에 주름이 많으면 외정(外情)이 많다. 이성으로 말미암아 곤란을 겪게 되는 수가 있으므로 조심해야 한다. 여성은 간문이 좋지 못하고 귀가 뒤집혀 있으면 이혼하는 경우가 많다.

처첩궁은 전택궁, 자녀궁과 함께 동시에 관리를 해야 한다.

(1) 양손바닥을 비벼서 열을 낸 후 양손 중지를 이용하여 전택궁 시작점인 눈앞머리를 지그시 눌러서 풀어준 후 동작을 연결하여 올라오면서 형제궁 시작점인 눈썹앞머리를 위를 향해 둥글리면서 압을 가해 지그시 누르면서 눈 둘레 전체를 가볍게 풀어준다.(같은 동작을 3회 반복 실시힌다)

(2) 동작을 연결하여 형제궁 전체를 양손 사지를 이용하여 눈썹 뼈를 위로 끌어 올리는 동작으로 쭉 당겨주고 압을 가해 풀어준다.(같은 동작을 3회 반복 실시한다)

(3) 양손 중지를 이용하여 전택궁 시작점인 눈앞머리를 지그시 눌러서 풀어준 후 동작을 연결하여 양손 엄지를 이용하여 와잠부위를 거쳐 처첩궁 쪽을 향하여 둥글리면서 위를 향해 풀어준다.(같은 동작을 3회 반복 실시한다)

(4) 이어서 양손 엄지손가락을 이용하여 처첩궁 부위 전체를 넓게 아래에서 위를 향해 파동을 타고 끌어 올려주는데 하나, 둘, 셋 가볍게 눌러주기를 3회 한 후 양손 엄지손가락을 원을 그리듯 둥글리면서 꾹 눌러준다.(같은 동작을 3회 반복 실시한다)

(5) 동작을 연결하여 엄지를 제외한 양손 사지를 이용하여 피아노 건반을 튕겨 주듯이 리듬을 타면서 전택궁, 자녀궁과 함께 처첩궁, 천이궁까지 가볍게 두드려준다.

(6) 양손바닥을 비벼서 열을 낸 후 양손 엄지를 세워 엄지의 이면을 이용하여 가볍게 압을 주어 자녀궁(와잠)과 함께 처첩궁(부부 궁), 천이궁까지 동시에 바깥쪽을 향해 밀어내듯이 위를 향하여 아주 가볍게 빼준다.(같은 동작을 3회 반복 실시한다)

(7) 동작을 연결하여 양손 엄지와 중지의 지문을 이용하여 처첩궁 부위 전체를 가볍게 피부 표면을 살짝 꼬집으며 튕겨 빼주는 동 작으로 마무리를 한다.

(8) 양손바닥을 비벼서 열을 낸 후 명궁을 중심으로 이등분하여 처 첩궁을 지나 귀를 감싸면서 귀 밑을 향해 압을 가하면서 밀어내 듯이 힘을 빼주며 마무리한다.(같은 동작을 3회 반복 실시한다)

처첩궁 관리법

8. 질병운을 나타내는 질액궁(산근)

눈과 눈 사이 코의 뿌리 부분인 산근(山根)이 질액궁(疾厄宮)이다. 질액궁은 건강 상태를 보는 곳으로 질액궁의 모양에 따라 평생을 살아가면서 겪을 수 있는 사고나 재난에 관한 것들을 알 수 있다. 이 자리가 좋지 않으면 평생에 재난이 끊이지 않고 항시 질병이나 사고에 시달리게 된다.

질액궁의 위치는 콧등의 제일 가운데 부분을 보는데 다른 곳과 마찬가지로 상처가 있거나 빛깔이 어두우면 좋지 않고 상처가 없고 맑은 빛을 띠어야 좋다. 이곳이 앙상한 듯 한 느낌이 나면 몸이 약하거나 사고를 당하게 되며 이곳의 기운이 좋아야 무병장수 하게 된다.

질액궁이 둥글고 밝고 윤택해야 건강하고 운세도 좋아 조상의 덕도 있고 학문도 높다. 이곳의 빛이 검으면 일생 질병으로 고생하고 운세도 나쁘다. 산근과 콧대의 빛이 검고 푸르면 위에 질병이 있다.

넓은 산근   좁은 산근

1) 질액궁이 좋은 경우

가) 산근 부위가 낮지 않아야 한다. 산근은 인당보다 약간 들어간 듯

이 높아야 한다.

나) 산근에 살이 적당하고 뼈가 드러나지 않아야 한다.

다) 주름, 점, 흉터가 없고 피부색이 맑고 윤기가 있어야 한다.

2) 질액궁이 좋지 않은 경우

가) 산근이 무너진 것 같이 가파르게 들어가 보이거나 끊어진 것으로 보이는 것은 좋지 않다. 산근이 약한 사람은 건강상태가 약하고 병치레를 많이 하니 건강관리에 유의해야 한다.

나) 산근에 살이 없어서 뼈가 드러나 보이는 것은 좋지 않다. 건강뿐만 아니라 여러 가지 일에 어려움을 많이 겪게 된다.

다) 산근이 어둡고 피부가 거친 것은 좋지 않다. 산근의 기색이 안 좋은 것은 건강하지 못하다는 신호이다. 평소에 색이 윤택하다가 어두워지면 건강이 나빠진 것으로 알고 건강에 유념해야 한다.

라) 산근에 주름이나 흉터가 있으면 여러 가지 병 때문에 고생이 많아진다. 평소에 없던 주름이 생겼으면 건강에 적신호가 온 것으로 보고 건강 진단을 받아 보아야 한다.

3) 기타 사항

산근은 건강상태를 보는 것 이외에도 중요한 의미가 있다. 관상에서는 한곳만을 보는 것이 아니라 다른 곳과의 균형과 조화를 중요하게 여긴다. 예를 들자면 이마 위쪽을 조상으로 볼 때 자기 자신을 의미하는 코와 연결되는 곳이 산근이다. 산근이 충실하면 조상과 자신 사이가 잘 연결된 것이므로 부모나 조상의 덕이 있는 것이다. 산근이 약하거나 끊어졌을 때는 조상과 자신을 연결하는 부분이 약하므로 부모덕이나 조상의 덕이 없다.

얼굴의 골격이 잘 발달하였더라도 서로 연결이 잘되어야 한다. 이마가 반듯한데다가 산근이 잘 발달하여 코와 잘 연결이 되면 공부를 잘하며 문장력도 뛰어나게 된다. 산근이 약간 들어간 듯 평평하게 솟아 있으면 일생에 병이 없을 뿐만 아니라 재앙도 없다. 그러나 산근이 끊어진 듯 보이거나 뼈만 앙상하게 있다면 평생토록 여러 가지 어려움을 겪게된다. 인당과 산근이 넓으면 마음이 너그럽다. 반대로 좁으면 성격이 급하며 포용력이 적다.

질액궁 관리법

(1) 양손바닥을 비벼서 열을 낸 후 왼손 중지와 약지를 벌려서 양쪽 눈썹 산의 위치에 올려놓는다.

(2) 오른손 엄지를 이용하여 왼쪽방향으로 가볍게 명궁부위를 풀어준 후 압을 가하면서 위를 향해 지그시 눌러준 후 오른쪽방향도 같은 방법으로 풀어준다. 명궁의 주름 정도에 따라 반복적으로 여러 번 해도 상관없다.

(3) 동작을 연결하여 오른손 엄지를 이용하여 명궁의 피부 표면을 살짝 끌어당기듯이 올려준 후 왼손 엄지를 오른손 엄지에 올려놓고 둥글리면서 압을 가해 지그시 눌러준다.(같은 동작을 3회 반복 실시한다)

(4) 동작을 연결하여 왼쪽 전택궁 시작점인 눈앞머리와 중악인 코의 측면의 위치에 오른손 엄지 전체 이면을 얹어놓고 왼손 장근의 압을 이용하여 왼쪽 전택궁 시작점인 눈앞머리와 중악인 코의 측면을 위에서 아래를 향해 동시에 지그시 눌러준다.(같은 동작을 3회 반복 실시한다)

(5) 같은 동작으로 오른쪽 전택궁 시작점인 눈앞머리와 중악인 코의 측면의 위치에 왼손 엄지 전체 이면을 얹혀놓고 오른손 장근의 압을 이용하여 오른쪽 전택궁 시작점인 눈앞머리와 중악인 코의 측면을 위에서 아래를 향해 동시에 지그시 3회 눌러준다.

(6) 이어서 양손 엄지의 첫째 마디 튀어나온 부분을 이용하여 코의 측면을 압을 가해 아래에서 위로 안에서 밖을 향하여 둥글게 원을 그리면서 눈앞머리를 향해 압을 가하는 마사지를 8회 실시한 후 다시 밖에서 안을 향하여 같은 동작으로 8회 실시한다.

(7) 동작을 연결하여 양손 엄지를 이용하여 명궁과 산근을 동시에 지그재그로 명궁을 향하여 풀어주는 동작을 8회 하고 오른손 엄지 위에 왼손엄지를 얹혀 놓고 명궁부위를 둥글리면서 압을 가해 눌러준다.(같은 동작을 3회 반복 실시한다)

(8) 이어서 양손 검지, 중지, 약지를 이용하여 넓게 쓸어 올려주는 동작으로 산근에서 명궁을 향해 올려주는 리듬 마사지를 8회 실시한 후 오른손 삼지(검지 중지 약지) 위에 왼손 삼지를 얹어 놓고 명궁부위를 둥글리면서 압을 가해 눌러준다.(같은 동작을 3회 반복 실시한다)

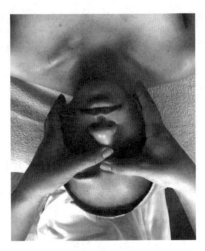

질액궁 관리법

9. 명예운을 나타내는 천이궁(천창)

두 눈썹의 꼬리 부분에서 약간 위까지 머리카락이 난 곳까지가 천이궁(遷移宮)이다. 천이(遷移)는 옮긴다는 의미이다. 여러 가지 이동 사항을 보는 곳이다. 중요한 것은 직장에서의 이동 사항을 보는 곳이라는 것이다. 그리고 이사 등 장소의 이전을 보기도 한다. 천이궁은 천창 부위만 보는 것이 아니라 이마 양쪽부터 양쪽 광대뼈 부위까지 꺼진 곳 없이 잘 이어져 있는가를 살펴봐야 한다. 천이궁은 천창 부위이기도 하며 역마(驛馬)부분이기도 한다.

천이궁을 통하여 사람이 평생을 살면서 움직이는 것에 관한 모든 것들을 예측할 수 있다. 전직 및 이사 전근 또는 여행, 영전, 좌천 등 현재의 위치에서 벗어나 이동하는 것들을 알 수 있다. 이동의 시기가 되면 천이궁의 색이 변화하여 알 수 있게 된다. 이 부분의 색이 변하면 자신의 자리에 이상이 생기게 된다.

　천창이 두둑하게 살이 붙어 있으면 풍족한 생활을 하고 어미가 평평하여 천창까지 쭉 뻗어 올라가면 주변의 존경을 받고 귀하다. 천이궁에 살이 없고 어두우면 인덕이 없어 일생 귀인의 도움을 못 받고, 넓으면 성격이 활발하고 생활력이 강하며 남의 도움을 많이 받는다. 천이궁에 결함이 있으면 샌님 소리를 듣는데 교제가 약하고 생활력이 약하고 주변머리가 없다.

1) 천이궁은?

　가) 평평하고 풍만하며 꺼진 곳이 없고 살집도 풍만한 것이 좋다. 천이궁이 평평하고 풍만하면 고위직이 될 수 있다. 천이궁이 좋은 사람은 공직에 있으면서 여러 가지 좋은 보직을 거치면서 옮겨 다닐 수 있다. 직장생활인이나 공무원은 천이궁이 좋아야 진급할 수 있다.

　나) 천이궁에는 점이나 흉터가 없고 피부가 맑고 윤택해야 한다. 천이궁이 평소보다 밝아지고 윤이 나면 진급할 수 있다. 진급을 할 때에는 눈썹부위가 같이 밝아지는 것을 볼 수 있다. 반대로 천창부위가 어두워지면 좌천이나 강등의 위험이 있을 수 있다. 천이

궁이 붉고 탁해지면 직업상의 시비나 구설 또는 소송 등의 문제가 발생한다.

다) 천이궁이 쑥 들어간 듯 꺼지고 이마가 뒤로 물러나고 눈썹까지 서로 붙는다면 조상의 업을 계승하지 못하고 살 집도 제대로 마련하지 못하고 떠돌이 생활을 하게 된다.

라) 천이궁에 어두운 기색이 있을 때는 이사나 부동산 계약 등을 하게 되면 손해를 보게 된다. 이럴 때에는 이사나 계약을 하지 않는 것이 현명하다. 또한, 너무 어두울 때에는 여행을 가는 것도 좋지 않다.

천이궁 관리법

(1) 양손바닥을 비벼서 열을 낸 후 왼쪽 얼굴을 오른쪽을 향해 돌린 후 왼손 중지와 약지를 벌려서 왼쪽 천이궁인 관자놀이 위치에 올려놓는다. 오른손 중지와 약지를 모아 관자놀이 부위인 천이궁을 왼쪽에서 오른쪽으로 풀어준 후 압을 가하면서 위를 향해 지그시 눌러준다. 천이궁의 탄력정도에 따라 반복적으로 해도 상관없다.

(2) 동작을 연결하여 오른쪽으로 얼굴을 돌린 후 왼쪽 천이궁을 지나 이마부위 끝까지 3등분하여 같은 방법으로 피부 표면을 살짝 끌어당기듯이 올려준 후 왼손 엄지를 오른손 엄지에 올려놓고 둥글리면서 압을 가해 지그시 눌러준다.

(3) 이어서 이마부위 끝까지 3등분하여 피부 표면을 살짝 끌어올려

주듯이 리듬마사지를 실시한 후 천이궁 끝점부위에 오른손 장근을 올려놓고 그 위에 왼손 장근을 올린 후 둥글리면서 압을 가해 넓게 지그시 눌러준다.

(4) 오른쪽 얼굴을 왼쪽으로 돌린 후 왼손 중지와 약지를 벌려서 오른쪽 천이궁인 관자놀이 위치에 올려놓는다. 오른손 중지와 약지를 모아 관자놀이 부위인 천이궁을 왼쪽에서 오른쪽으로 풀어준 후 압을 가하면서 위를 향해 지그시 눌러준다. 천이궁의 탄력정도에 따라 반복적으로 해도 상관없다.

(5) 같은 방법으로 오른쪽 천이궁 관리를 실시한다.

(6) 양손바닥을 비벼서 열을 낸 후 왼쪽을 향해 오른쪽 얼굴을 돌린 후 왼손 중지와 약지를 벌려서 오른쪽 천이궁인 관자놀이 위치에 올려놓는다. 오른손 중지와 약지를 모아 관자놀이 부위인 천이궁을 왼쪽에서 오른쪽으로 풀어준 후 압을 가하면서 위를 향해 지그시 눌러준다. 천이궁의 탄력정도에 따라 반복적으로 해도 상관없다.

(7) 동작을 연결하여 천이궁을 지나 이마부위 끝까지 3등분하여 같은 방법으로 피부 표면을 살짝 끌어당기듯이 올려준 후 왼손 엄지를 오른손 엄지에 올려놓고 둥글리면서 압을 가해 지그시 눌러준다.

(8) 이어서 천이궁을 지나 이마부위 끝까지 3등분하여 피부 표면을 살짝 끌어올려주듯이 리듬마사지를 실시한 후 천이궁 끝점부위에 오른손 장근을 올려놓고 그 위에 왼손 장근을 올린 후 둥글

리면서 압을 가해 넓게 지그시 눌러준다.(같은 방법으로 3회 반복 실시한다)

(9) 오른쪽 천이궁도 같은 방법으로 실시한다.

(10) 동작을 연결하여 얼굴을 정면으로 바르게 원 위치 시키고 양쪽 천이궁 부위를 넓게 8자를 그리는 동작으로 8회 마사지 한다.

(11) 양손바닥을 비벼서 열을 낸 후 명궁을 기준점으로 하여 양쪽 전택궁을 감싸면서 천이궁을 향해 압을 가하며 빼주면서 마무리한다.(같은 방법으로 3회 반복 실시한다)

천이궁 관리법

관록궁은 이마 전체를 통해서 운이 나타나게 되나 그 한 가운데 중정을 기준으로 한다. 관록궁에 나타는 것은 입신양명에 관한 내용으로 직업운이나 명예 등을 보게 되는데 상정을 중심으로 귀격여부를 판단한다. 관록궁을 보면 자신이 정한 목표를 기준으로 적합한지 아닌지를 가늠하는 것이 가능하다. 이마가 좁거나 꺼져 있거나 흉터나 흠이 있으면 벼슬운이 없고 빈천하다.

여자는 이마가 너무 넓거나 좁거나 낮으면 관운이나 남편운이 좋지 않다. 여자는 이마가 적당히 넓고 빛깔이 깨끗하면 능력 있는 남자를 만나 해로하고 이마가 좁고 꺼져 있거나 빛이 검으면 남편궁이 불길하여 재취를 하게 되고 가난하게 살게 된다.

관록궁은 이마의 중정 부위를 말하나 이마의 특정 부위가 아닌 이마 전체를 살펴보아야 한다. 관록궁은 사회적 위상을 보는 곳이다.

1) 관록궁의 형태는?

가) 중정(中正) 부위가 평평하고 풍만해야 한다.

나) 중정 부위에 살이 두텁고 윤기가 있어야 한다.

다) 관록궁에는 점이나 흉터 등이 없어야 한다.

라) 이마 전체의 형태가 입벽(立壁)이나 복간지상(伏肝之像)이면 최
고로 좋다.

2) 관록궁을 보는 법

관록궁이 좋으며 결함이 없이 깨끗하고 기색(氣色)이 좋으면, 사
회적 지위가 높아질 수 있으며 명성도 얻을 수 있다. 이마 전체를 보
아 이마가 좋은 사람은 공부도 잘한다.

가) 관록궁이 좋고 인당이 좋으면 관직에 나가 명성을 얻게 된다. 산
근이 꺼지지 않고 이마와 코가 잘 연결되어야 한다. 옆에서 보아
서 이마와 산근 그리고 준두까지 연결 선상의 뼈가 물소의 뿔과
같은 선으로 잘 발달하여 있으면 고위직에 올라갈 수 있다. 아울
러 평생 소송을 당하는 일이 없다.

나) 이마 전체가 잘 발달하여야 좋다. 입벽이나 복간지상을 하고 이
마의 중앙이 잘 발달한 것이 진짜 좋은 관록궁이다. 여기에 일월
각이 잘 솟아 있으면 더욱 좋다. 그리고 이마의 중앙과 양옆에
세로로 뼈가 기둥과 같이 발달하여 있는 것도 아주 좋은 상이다.

다) 여성은 삼정이 균등하고 관록궁이 잘 발달해 있어야 귀한 배우
자를 만날 수 있다. 중정에 흉터가 있으면 결혼이 늦어진다.

라) 관록을 보는데 빼놓을 수 없는 부분이 눈과 눈썹이다. 눈의 모양
이 길고 수려하게 생기고 눈빛이 좋으면서 이마의 형태가 좋으
면 공무원으로 출세할 기본이 되었다고 본다. 눈이 좋으면 과거

에 붙으며 눈썹이 좋아야 급제한다고 한다.

마) 관록궁에 흉터나 점 사마귀 등은 관록에 해가 된다. 관록궁에 가
로로 어두운 푸른 기색이 나타나면 직장을 잃게 된다.

관록궁 관리법

(1) 양손바닥을 비벼서 열을 낸 후 왼손 중지와 약지를 벌려서 양쪽
눈썹 산의 위치에 올려놓는다.

(2) 동작을 연결하여 오른손 엄지를 이용하여 왼쪽방향으로 가볍게
명궁부위를 풀어준 후 압을 가하면서 위를 향해 지그시 눌러준
후 오른쪽방향으로 가볍게 명궁부위를 풀어준 후 압을 가하면서
위를 향해 지그시 눌러준다. 미간의 주름 정도에 따라 반복적으
로 여러 번 해도 상관없다.

(3) 동작을 연결하여 오른손 엄지를 이용하여 명궁의 피부 표면을
살짝 끌어당기듯이 올려준 후 왼손 엄지를 오른손 엄지에 올려
놓고 둥글리면서 압을 가해 지그시 눌러준다. 명궁에서 관록궁
부위를 지나 발제부위까지 3등분하여 같은 방법으로 피부 표면
을 살짝 끌어당기듯이 올려준 후 왼손 엄지를 오른손 엄지에 올
려놓고 둥글리면서 압을 가해 지그시 눌러준다.

(4) 명궁에서 관록궁을 지나 발제부위까지 3등분하여 양손 바닥을
넓게 이용하여 피부 표면을 살짝 끌어올려주듯이 리듬마사지를
실시한 후 발제 부위를 넓게 오른손 장근 위에 왼손 장근을 올
려놓고 둥글리면서 압을 가해 지그시 눌러준다.

(5) 양손바닥을 비벼서 열을 낸 후 오른손바닥과 왼손바닥을 넓게 번갈아 가면서 지그시 열을 전달하는 동작으로 4회 실시하면서 마무리한다.

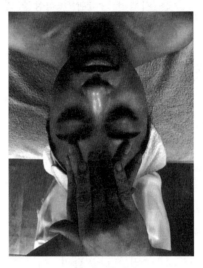

관록궁 관리법

11. 부모운을 나타내는 부모궁(일월각)

부모궁(父母宮)의 위치는 양쪽 눈썹이 시작되는 안쪽 끝에서 위로 3cm 부위를 말한다. 이마 가운데의 위로부터 5분의 3정도의 위치에서 양쪽을 만져 보면 약간 도톰하게 뼈가 나온 부분이 있는데 왼쪽을 일각 (日角) 오른쪽을 월각(月角)이라고 한다. 이 일월각(日月角)이 부모궁이다. 모름지기 이마는 전체적으로 높고 동그래야 부모운이 길한데 특히 부모궁 부위가 티 없이 맑고 깨끗하며 살집이 도톰하면 부모덕과 복이 좋으며 유산을 상속 받는다.

부모궁이 부위가 낮고 요철 모양으로 불규칙적으로 튀어 나오면 조실부모하거나 부모의 우환이 떠나지 않는다. 부모의 덕을 얻지 못하여

자수성가 하여야 한다. 이처럼 이마는 부모, 조상과 윗어른이며 사회생
활에서는 상사, 스승님, 선배 등 나보다 높은 위치에 있는 사람으로 부
터 덕을 얼마만큼 받는지 알아보는 자리이다

　　부모궁이 밝고 선명하면 부모가 강건하고 장수하며 낮고 함하고 어
지러우면 부모와 일찌감치 이별할 상이다. 부모궁의 위치가 어둡고 검은
빛으로 깨끗하지 못하면 부모에게 질병이 있는 징조다.

　　일각은 아버지를 말하고 월각은 어머니를 말한다. 일월각이 좋으면
부모가 영달하고 조상의 음덕을 받으며 부모 복을 받을 상이다. 이마가
깎인 듯 뾰족하고 눈썹이 엉키면 부모를 일찍 이별한다. 일월각이 청색
을 띠면 부모 우환이 생기고, 구설이나 몸을 상하는 수도 있고, 검거나
희면 부모가 모두 사망하고, 밝은색을 띠면 부모일로 큰 기쁨이 생긴다.

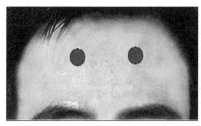 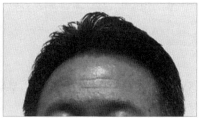

1) 부모궁인 일월각은?

　가) 일, 월각은 높고 윤택하여야 한다.

　나) 일월각의 양쪽이 균형이 잘 맞아야 한다.

　다) 어느 한 쪽이 지나치게 높거나 낮지 않은 것이 좋다.

2) 일월각으로 알 수 있는 것

가) 일월각이 높고 살이 두툼하면 부모님이 장수한다. 일월각이 낮게 꺼지고 어두우면 어려서 부모를 여의게 되거나 부모가 큰 병을 얻게 된다.

나) 일월각 중 한 곳이 꺼지면 부모님 중의 한 분이 먼저 돌아가시게 된다. 남성기준으로 일각이 아버지요 월각이 어머니이다. 일월각이 밝아지면 부모에게 경사가 있게 된다.

다) 일월각 부위가 어두워지면 부모에게 해로운 일이 생긴다. 검은색이나 흰색이 생기면 부모님이 돌아가실까 걱정이 되고 푸른색을 띠면 부모님에게 걱정이나 구설 등의 재액이 생길 수 있다.

라) 이마가 너무 좁고 한쪽으로 치우치면 사생아나 후처에게서 태어난 자식일 수 있다.

3) 부모운을 볼 때는 다른 부위도 참고로 본다.

가) 코가 왼쪽으로 치우치면 아버지에게 문제가 있고 오른쪽으로 치우치면 어머니에게 문제가 있다.

나) 왼쪽 귀가 작으면 아버지, 오른쪽이 작으면 어머니에게 문제가 있다.

다) 눈썹이 어느 한 쪽이 높거나 낮으면 부모님 중 한 분이 재혼을 하는 경우가 있다.

라) 입이 새부리처럼 뾰족하고 이마가 낮으면 부모가 일찍 돌아가시

게 된다.

부모궁 관리법

(1) 양손바닥을 비벼서 열을 낸 후 왼손 중지와 약지를 벌려 왼쪽
형제궁 눈앞머리 부위와 왼쪽 형제궁 끝머리에 올려놓고 오른손
중지를 이용하여 왼쪽 부모궁 시작점을 왼쪽부터 풀어준 후 원
을 그리며 지그시 눌러 준다. 오른쪽도 같은 방법으로 풀어준다.
부모궁의 탄력 정도에 따라 수회 반복하여 준다.

(2) 동작을 연결하여 왼쪽 부모궁 시작점부터 끝점까지 3등분하여
피부 표면을 살짝 끌어당기듯이 올려준 후 오른손 중지 위에 왼
손을 올려놓고 왼손 중지의 힘을 이용하여 둥글리면서 압을 가
해 지그시 눌러준다.

(3) 동작을 연결하여 왼쪽 부모궁 시작점인 눈썹 앞머리부터 왼쪽
부모궁 끝점인 이마부위까지 3등분하여 피부 표면을 양손 바닥
을 넓게 이용하여 끌어올려주듯이 리듬마사지를 실시한 후 왼쪽
부모궁 끝점 부위인 이마가장자리에 오른손 장근을 올려놓고 그
위에 왼손 장근을 올린 후 둥글리면서 왼손 장근의 힘을 이용하
여 압을 가해 넓게 지그시 눌러준다.

(4) 오른쪽 부모궁도 (2) (3)과 같은 방법으로 실시한다.

(5) 양손바닥을 비벼서 열을 낸 후 이마전체를 넓게 오른손바닥과
왼손바닥을 넓게 번갈아 가면서 지그시 열을 전달하는 동작으로
4회 실시하면서 마무리한다.

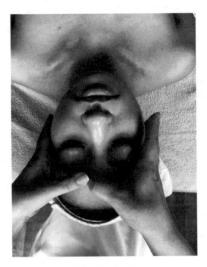

부모궁 관리법

12. 복덕운을 나타내는 복덕궁(천창)

복덕궁(福德宮)은 이마의 양쪽 부분이다. 복덕궁으로 타고난 복덕을
본다. 복덕궁은 이마 부위뿐만 아니라 얼굴의 전체적인 균형과 천창과
지고의 연결 상태까지 보아야 한다.

복덕궁에는 자신이 받는 복이나 덕이 나타나게 된다. 부모의 덕을
본다거나 어떤 일을 추진함에 있어 남의 도움을 받게 될지도 모를 경우
이 궁의 변화를 보면 알 수 있다. 복덕궁의 위치는 눈썹 윗부분의 양쪽
이 되며 이곳에 상처가 나거나 흠이 생길 경우 복이 달아나는 결과가
나타난다. 이 부분의 이마가 툭 튀어나오고 좁으면 초년에 고생을 한다.
이마가 좁고 턱이 풍부한 사람은 초년은 어렵지만 말년은 창성하고 이
마가 높고 넓은데 턱이 뾰족한 사람은 초년은 호강스러우나 말년에 고
생한다. 이마가 넓어도 오목하면 귀하지 못하다.

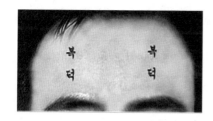 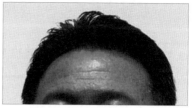

1) 복덕궁은?

가) 천창(失倉)이 풍만해야 한다. 이마의 양쪽이 꽉 차듯 풍만하면 복이 많다. 이마에서 턱까지 얼굴의 옆 부분이 튀어나오거나 꺼진 곳이 없이 잘 이어져야 한다. 오성(五星)이 조공(朝拱)해야 한다. 오악과 사독이 맑고 밝아야 한다.

나) 천지상조(失地相朝)가 되어야 한다. 이마와 턱이 무너져 서로 멀어지는 형상이 아니어야 한다. 오악에서 설명한 것처럼 이마와 턱이 코를 향해 기운을 보내 주는 듯 한 모양이 되어야 한다. 양쪽 광대뼈가 코를 향해 조응해야 한다.

2) 복덕궁을 보고 알 수 있는 것

가) 복덕궁은 이마의 양 바깥쪽인 천창이다. 천창 부위에서 지고까지 뼈가 꺼지지 않고 잘 연결되어 육부가 꽉 차면 복이 많다.

나) 이마가 뒤로 물러나지 않고 턱이 꺼지지 않아서 봉곳하게 나온 모양으로 서로를 향해 있는 모양을 한 것을 천지상조라고 하였다. 천지상조가 되면 일찌감치 공명이 궁궐에까지 전해진다고 하였다. 결국, 오악에서 중앙에 있는 코를 향해 잘 모여 있는 형상을 하여야 좋은 것이다. 삼정, 육부, 사독, 오악 등 얼굴 전체

가 잘 균형을 이루면 오복(五福)이 고루 갖춰지는 것이다.

다) 이마가 좁고 턱이 둥글고 풍만하면 초년에 고생을 한다. 반대로 이마가 넓고 턱이 뾰족하면 초년은 좋고 말년에 고생한다.

라) 천창 부위에 검은 기색이 있으면 모든 일에 막힘이 많다. 이마의 양가에 검은 기색이 생겨 어두워지면 여러 가지로 어려움이 많다. 천창 부위가 어두울 때 이사나 부동산 계약 등을 하면 손해를 입게 된다.

마) 지고 부위에 검은 기색이 뜨면 하는 사업에 큰 손해가 발생한다. 지고에 검은 기색이 뜨면 손해가 발생하게 된다. 천창과 지고가 어두워지면 모든 일이 뜻대로 이루어지지 않으므로 주의해야 한다. 재백궁과 전택궁을 볼 때, 천창과 지고를 반드시 보아야 하는 것은 어느 한 부위만 발달해서는 제대로 이루어진 상이 아니기 때문이다. 관상은 덧셈 뺄셈의 법칙과 같다. 제일 좋은 상은 삼정, 육부, 사독, 오악, 오성, 육요가 다 갖추어진 것이다. 여기에서 어느 부분이 결함이 있거나 부족하면 전체적으로 복이 그만큼 감해지는 것이다. 그 다음으로 결함이 있는 부분이 무슨 의미가 있는 곳인가에 따라 해당하는 복이나 운이 부족하다고 판단하면 된다. 한 가지 더 참고 한다면 관상에서 나이별로 그해의 운세를 보는 유년운기도(流年運氣圖)를 참고하면 된다.

복덕궁 관리법

(1) 양손바닥을 비벼서 열을 낸 후 왼손 장지와 약지를 벌려 왼쪽 형제궁 눈앞머리 부위와 왼쪽 형제궁 끝머리에 올려놓고 오른손 중지를 이용하여 왼쪽 복덕궁 시작점을 왼쪽부터 풀어준 후 원을 그리며 지그시 눌러 준다. 이어서 오른쪽도 같은 방법으로 풀어준다. 부모궁의 탄력 정도에 따라 수회 반복해도 된다.

(2) 동작을 연결하여 왼쪽 복덕궁 시작점부터 왼쪽 복덕궁 끝점까지 3등분하여 피부 표면을 살짝 끌어당기듯이 올려준 후 오른손 중지 위에 왼손을 올려놓고 왼손 중지의 힘을 이용하여 둥글리면서 압을 가해 지그시 눌러준다.

(3) 동작을 연결하여 왼쪽 복덕궁 시작점인 눈썹 앞머리부터 왼쪽 부모궁 끝점인 이마부위까지 3등분하여 피부 표면을 양손 바닥을 넓게 이용하여 끌어올려주듯이 리듬마사지를 실시한 후 왼쪽 부모궁 끝점 부위인 이마가장자리에 오른손 장근을 올려놓고 그 위에 왼손 장근을 올린 후 둥글리면서 왼손 장근의 힘을 이용하여 압을 가해 넓게 지그시 눌러준다.

(4) 오른쪽 부모궁도 (2) (3)과 같은 방법으로 실시한다.

(5) 양손바닥을 비벼서 열을 낸 후 이마전체를 넓게 오른손바닥과 왼손바닥을 넓게 번갈아 가면서 지그시 열을 전달하는 동작으로 4회 실시하면서 마무리한다.

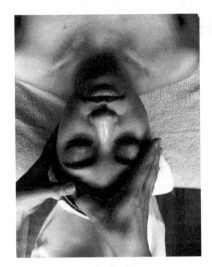

복덕궁 관리법

Self Beauty
Physiognomy Care

제8장

오관

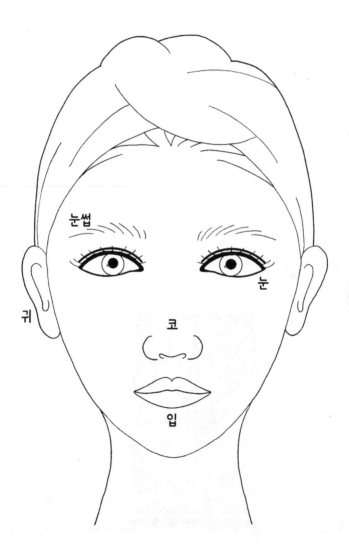

눈썹

눈

귀

코

입

관상에서의 오관은 눈, 코, 귀, 혀, 피부 등의 감각기관을 말하는 것이 아니고 우리 몸의 가장 높은 얼굴에 위치하며 평생 자신을 지켜주는 귀, 눈, 코, 입, 눈썹의 다섯 가지 기관을 말한다.

오관은 체내에 있는 오장으로 신장, 심장, 폐장, 비장, 간장을 관장하고 그것들의 기능의 우열 여부는 곧 각 오관의 기운에 반영된다. 오관 중 한 곳만 잘생겨도 일생 중 10년은 귀한 신분이 된다고 하였으니 매우 중요한 부위이다.

- 귀 = 가려서 듣는 채청관(採聽官)
- 눈썹 = 목숨을 보호하는 보수관(保壽官)
- 눈 = 바르게 감시하고 살피는 감찰관(監察官)
- 코 = 분별하여 자기주장을 펴는 심변관(審辯官)
- 입 = 모든 것이 들고나는 출납관(出納官)

1. 가려서 듣는 채청관 귀

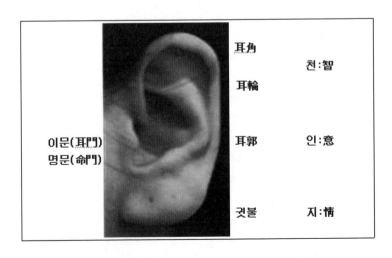

옛날부터 두텁고 커다란 귀를 복귀라고 하듯 귀는 운기를 보는 데 아주 중요한 역할을 하는데 관상학에 따르면 귀로 금전과 수명, 건강, 지적능력, 현재의 운세 등을 판단 할 수 있기 때문이다.

얼굴에서 귀는 머리카락에 숨겨져 잘 보이지 않는 경우가 많은데 귀는 어지간해서는 잘 변하지 않으므로 매우 중요하고 귀를 잘 보면 전체의 운명을 볼 수도 있다. 귀는 신장과 통하기 때문에 몸의 건강상태를 알아 볼 수도 있는데 신장에 이상이 생기면 귓바퀴가 검어지고 귓바퀴가 검어지면 자연히 운세도 약해진다.

1) 귀볼이 없고 둥근귀

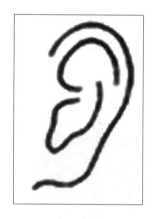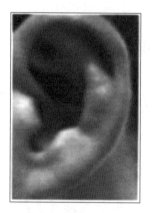

사교성이 좋고 밝은 성격이다. 다양한 취미생활을 즐기며 어떤 분야에서도 두각을 나타낸다.

2) 가는귀(칼귀)

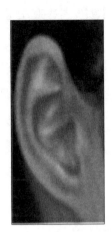

남자의 경우 학자 스타일이며 성실한 성격이다. 여자의 경우 명품을 좋아하고 신경질적인 면이 많다.

3) 귀볼이 두툼하고 아래로 늘어진 귀

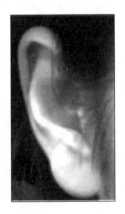

확실한 것을 좋아하고 성격이 밝다. 여자의 경우는 중년에 접어들면 성공하고 남자는 이성문제에 조심해야 한다.

4) 상부가 돌출된 귀

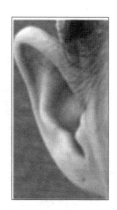

이성적으로 충분히 생각한 다음 행동하여 실패 없는 인생을 보낼 수 있다. 고집이 강하고 이성적이다.

5) 전체적으로 좁은 귀

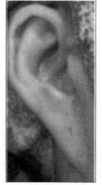

천재타입으로 독특한 것을 좋아하여 남다른 인생길을 걷게 되며 청소년기에 인생의 중요한 전환점을 맞게 된다.

6) 전체적으로 넓은 귀

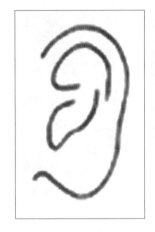 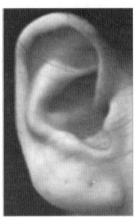

독창성이 매우 뛰어나나 상대를 배려하는 점이 부족하여 주변에 사람이 없다.

7) 높게 붙은 귀

태조 이성계   노태우전 대통령

재주가 있는 상이다. 귀가 높게 붙어 있고 생김새가 좋으면 부귀공
명은 물론, 총명하며 군 장성이나 법조계에서 명성을 날릴 수 있다. 그
러나 부부나 자식과의 사이가 별로 좋지 않아서 말년에 고독해지기 쉽
다. 태조 이성계(1335~1408, 74세)가 왕이 될 수 있었던 것은 귀 때문
이라고 용비어천가에 기록되어 있다.

8) 낮게 붙은 귀

이승만 전 대통령　　　　　　　후진타오 전 국가주석

　　살집이 두둑하고 귓볼이 있으면서 생김새가 좋은 낮게 붙은 귀는 성
격이 침착하여 학자적이며 연구심이 강하여 학계, 교육계, 종교계에 종
사하거나 사회사업가로 성공할 상이다. 귀가 낮게 붙어 있어도 귀의 생
김새가 빈약하면 앞에서 말한 장점을 발휘하지 못하고 항상 남의 밑에
생활하다가 일생을 마친다.

(1) 귓구멍이 큰 사람은 음악적 소질이 있다.

(2) 귓구멍에 긴 털이 있으면 장수의 상이다.

(3) 귀의 제일 윗부분(천륜)이 오그라든 것 같은 사람은 풍류에 재능
    이 있다. 인륜이 나온 사람은 육친과 함께 살 수 없고, 아우의
    상이다.

(4) 귀가 위쪽으로 뻗친 사람은 재능이 있고, 기억력이 좋다. ·귀가
    낮은 위치에 있으면 기억력이 없고, 끈기가 약하다.

(5) 귀가 단단한 사람은 건강하고, 정력적이며, 적극적이다. 귀가 부
    드러운 사람은 소극적이고 유연하며 센스가 있다.

(6) 두툼하고 넓은귀는 복귀라 하여, 체력이 강하고 활동적이며 사교
    적이다. 얄팍하고 좁은 귀는 재물운이 없고 저축이 안 된다.

(7) 크고 긴 귀는 느긋하고 도량이 넓고 장수의 상이다. 작은 귀는
    성격은 급하나 재주가 좋다.

(8) 귓볼이 큰 사람은 복귀이며 금전운이 좋아 재산을 모은다. 귓볼
    이 없는 귀는 지출이 많고 저축이 안 되는데 재능은 있다.

(9) 내곽이 나온 사람은 고집이 세고 개성이 강하며 완고하다. 윤곽
    이 뒤집어지면 복이 감해진 상이며 귀 볼이 크거나 귀 볼이 붉
    은 여성은 이성의 유혹에 약하고 남성으로 부터 사랑을 많이 받
    는다.

(10) 귀의 하변이 코끝보다 아래에 있는 사람은 일반적으로 고집이
    세며 편협하고 완고하다.

귀 = 채청관 관리법

귀는 오행으로 수(水)에 속하며 오장에서는 신장과 육부에서는 방광에 속하며 오관에서는 귀를 말하며 귀는 생긴 모양도 콩팥과 흡사하다. 귀는 청각과 평형감각을 담당하는 기관으로 신장의 기능이 떨어지면 대부분 난청질환을 많이 겪는다.

귀의 크기는 신장과 직결이 된다. 귀가 크면서 단단하지 못한 사람은 신장의 기운이 약해지기 쉬우므로 허리 통증을 호소하는 경우가 있다. 이상적이고 건강한 귀 모양은 폭과 세로 길이의 비율이 4 : 7정도가 적당하다. 귀는 크고 작음보다는 찰색이 더 중요하다. 귀의 색은 맑고 투명해야 하는데 귀가 크고 살집이 있더라도 빛이 거무스름하다면 현재의 운은 좋지 않은 것이다. 만약, 붉은 기운이 며칠간 지속되고 귀지가 많아지거나 각질이 일어나면 신장의 기능이 약해졌다는 신호이다. 신장이 상하면 얼굴색이 검게 변하는데 특히 귀가 검게 변하면 생명력이 다한 것으로 본다.

귀가 좋아지면 오장육부가 좋아지므로 윤택한 귀는 장수를 부른다. 귀의 위가 뾰족하면 냉혹함이 있고 아래가 뾰족하면 이성적인 사람이다. 귀관리를 잘하여 오장육부를 건강하게 하자.

(1) 양손바닥을 비벼서 열을 낸 후 손바닥을 이용해 귀를 넓게 감싼 후 얼굴 전면을 향해 10회, 후면을 향해 10회 원을 그리듯이 마사지 한다.

(2) 양손바닥을 이용해 귀를 앞뒤로 접었다 펴기를 10회 이상 한다.

(3) 양 귀 볼을 엄지와 검지를 이용하여 아래로 당겨주기를 10회 이

상 한다. 양손을 이용해 검지와 중지 사이에 귀를 끼어서 아래위로 10회 이상 문지른다.

(4) 양손 엄지와 검지를 이용해 귀 볼부터 시작해서 귓바퀴 전체를 아래에서 위로, 다시 위에서 아래를 향해 반복적으로 꼼꼼히 지압해 주기를 10회 이상 한다.

(5) 양손가락의 힘을 빼고 손가락 끝을 이용해 귓바퀴 전체를 털어 주기를 10회 이상 한다.

(6) 양손바닥을 비벼서 열을 낸 후 넓게 손바닥으로 귓구멍을 막았다가 떼기를 10회 이상 한다.

2. 목숨을 지켜주는 보수관 눈썹

눈썹은 인상을 결정하는 데 큰 비중을 차지한다. 눈썹이 없거나 지나치게 옅을 경우 특징이 없어 보이며 매력적인 인상을 줄 수 없다. 눈썹은 빗물이나 땀 등으로 인한 오염물질을 막아주는 역할들 하며 미용적으로 중요한 포인트 중 하나인데 눈썹에 따라 인상과 호감도가 좌우된다. 눈썹은 관상학적으로 형제를 비롯한 대인관계나, 배우자운 등 전반적인 운기를 나타내기도 하는데 눈, 코, 귀, 입과 더불어 얼굴에서 중요한 오관의 하나이다. 이상적인 눈썹을 가지고 있다는 것은 대인관계의 호감도와 더불어 좋은 운을 가지고 있는 것이므로 관상학적으로도 매우 중요한 의미가 있다. 눈썹과 눈썹사이는 손가락 두 개 정도가 적당하다.

1) 초승달 눈썹 : 신월미

전통적으로 미인들은 신월미였는데 신월미는 초승달과 같은 형상이며 청정하고 높게 빼어난 아름다운 눈썹이다. 이런 눈썹은 인정이 깊고 형제관계도 좋다. 남자의 경우에도 눈썹이 활꼴이면 성품이 신사다워 절대 사람을 해치지 못한다. 위의 그림보다 좀 더 둥그스름한 모습이다.

2) 누에 눈썹 : 와잠미

와잠미는 누에고치처럼 누워있는 모습으로 활시위 같이 완곡하게 굽고 빼어난 눈썹이다. 신월미와 비슷한 모양이긴 한데 좀 더 완만하게 누워있다. 와잠미를 가진 사람은 일찍 명예를 누릴 수 있다. 다방면에 재주도 많은데 예로부터 어려운 집안에 빼어난 문장가가 탄생했다 하면 보통 이런 수려한 눈썹을 가졌다고 한다.

3) 수양버들 눈썹 : 유엽미

 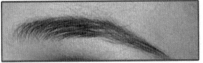

눈썹이 버드나무 잎 같지만 그 속에도 맑은 기운이 있다. 유엽미는 육친골육 간에 소원하며 자녀는 늦게 두나 마침내 발달해서 현명한 소문이 사방으로 퍼지게 된다. 이런 눈썹을 가진 사람은 바람기가 있다.

4) 일자 눈썹

일자눈썹은 맑고 청정하며 머리와 끝이 평평한데 요즘 유행하고 있다. 눈썹머리와 끝이 일직선상을 유지하고 있는 일자미는 강직하고 어진 성품을 가진 사람이 많다. 바른 길로 나가서 일찍 자신의 명예를 성취하지만 안타까운 것은 일찍 죽을 염려가 있으며 외롭고 고단하다.

5) 용의 눈썹 : 용미

용의 눈썹은 활을 당긴 것처럼 구부정한 모습으로 눈썹이 짙고 수려하다. 이런 눈썹을 가진 사람은 평생 부귀하며 영화를 누린다. 또한 용의 눈썹을 한 사람은 형제간이 많고 형제들 또한 귀하게 된다.

6) 사자눈썹

사자눈썹은 눈썹털이 굵고 거칠며 숱이 많은 모양을 하고 있는데 대기만성형으로 늦게 성공하는 팔자이다. 말년에 권세를 얻는데 이런 눈썹끼리 결혼하면 평생토록 부귀영화를 누린다.

7) 칼 눈썹 : 정도미

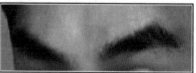

칼 눈썹에는 두 가지가 있는데 정직 칼눈썹과 뾰족 칼눈썹이다.

가) 정직 칼눈썹

칼 같은 모양으로 일자로 쭉 뻗어있는 모습인데 이런 눈썹을 가진 사람은 성품이 강직하고 청렴하며 도리에 어긋나는 짓은 하지 않는다. 지모가 뛰어나고 강직해서 장성이나 재상에게 많이 볼 수 있는 눈썹이다. 그러나 여자가 칼 눈썹이면 팔자가 드세다고 한다.

나) 뾰족 칼눈썹

위의 눈썹과 비슷하나 끝부분이 뾰족하게 갈라져 있는 형태인데 이런 칼처럼 날카롭고 뾰족한 눈썹을 가진 사람은 보통 형제 사이가 좋지 않다. 험악한 인상을 주는 눈썹으로 주로 집안이 가난하고 성품은 난폭하구 상대방에 강한 욕심을 품는다. 칼눈썹에 뱀눈까지 갖추면 그 흉함이 더 하는데 심지어 부모를 해칠 수도 있는 상이다.

8) 전청후소미

전청후소미는 앞은 청정하나 뒤는 성근 눈썹을 이야기 하는데 귀한 상이나 수명은 오래 누리지 못한다. 눈썹의 앞부분이 맑고 청정하며 뒷부분도 비록 성글긴 하지만 맑은 느낌이라면 약관의 나이에 일찌감치 이름을 떨치고 재물이 가득 쌓인다.

9) 소산미

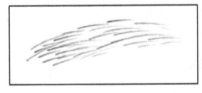 

소산미는 성글고 흩어진 눈썹을 말 하는데 재물이 많이 모여도 곧 흩어지는 상이다. 소산미를 가진 사람은 정리정돈을 잘 못하고 뒷심이

부족한 성격이라 평생에 걸쳐 모아둔 것을 한 번에 다 흩어지게 할 수 있다.

10) 귀신눈썹

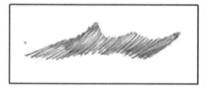 

잡되고 혼잡한 모양의 눈썹을 귀신눈썹이라고 하는데 눈썹이 눈을 굴리듯이 파도치듯 생겼다. 이런 눈썹을 가진 사람은 겉으로 웃고 있어도 거짓으로 웃는 것이고 고집이 세고 마음이 독하니 남의 것을 갈취하여 호의호식하는 부류들이 많다.

11) 끊어진 눈썹

눈썹의 중간이 끊어진 사람은 풍파가 많고 가난하며 천해지기 쉽고 배은망덕하여 은혜를 저버리는 경우가 많다. 끊어진 눈썹은 처자식 형제 자매와 인연이 좋지 않아 외롭고 불화하는 경우가 많다.

보수관인 눈썹은 오행으로 목(木)에 해당하며 오장육부는 간, 담에 속한다. 눈썹은 교감신경과 부교감신경이 관장하는 부위로 수명을 주관한다. 따라서 간장과 담낭의 기능이 저하되면 눈썹주위에 뾰루지가 생기거나 눈 밑이 늘어지며 눈 주위가 검게 변한다.

눈썹은 가지런히 윤기가 흘러야 귀격이며, 올라간 눈썹은 무인 형이고 내려온 눈썹은 문인 형이다. 살이 보이지 않고 농탁한 눈썹은 어리석고 완강하며 눈썹이 너무 섬세하면 탐음하고 너무 무성하면 독선적이다. 눈썹이 드문드문 나고 눈썹 뼈가 튀어나오면 대담하고 성격이 급하며 단순하고 타협을 잘 못한다.

학생이 눈썹이 붙어 있다면 공부에 관심이 부족하므로 눈썹을 뽑아주거나 밀어주는 것이 좋다. 눈썹관리를 잘하여 간담의 기능을 증진시키고 교감신경과 부교감신경을 안정시키자.

(1) 양손바닥을 비벼서 열을 낸 후 좌우 눈썹앞머리 부위(정명혈)를 좌우 엄지와 검지 사이에 감싸듯 끼어서 형제궁인 눈썹 아래 부위(천응혈)를 엄지를 이용하여 위로 끌어당기듯 밀어 올려주고 검지는 엄지를 잡아 끌어당겨주는 동작으로 잡아 준 후 수 초간 동작을 멈춘다.

(2) 동작을 연결하여 눈썹 중간 부위(양백혈)와 눈썹꼬리부위(사죽공혈)도 같은 방법으로 실시한다.

(3) 동작을 연결하여 왼쪽 눈썹앞머리 부위를 시작점으로 하여 눈썹 뒷머리 부위까지 오른손엄지를 눈썹앞머리에 대고 왼손 사지의

힘을 이용하여 적당한 압을 가하면서 밀어준다.(같은 동작을 3회 반복 실시한다)

(4) 오른쪽 눈썹도 (3)과 같은 방법으로 실시한다.

(5) 동작을 연결하여 오른손 주먹을 가볍게 쥐고 오른손 엄지 첫째 마디를 왼쪽 눈썹앞머리에 올려놓고 왼손바닥을 넓게 펴서 오른손 주먹위에 올려놓고 그 힘을 이용하여 눈썹뒷머리부위를 향해 밀어 준다.(같은 동작을 3회 반복 실시한다)

(6) 오른쪽 눈썹도 (5)와 같은 방법으로 실시한다.

(7) 양손 엄지와 중지의 지문을 이용하여 가볍게 왼쪽 눈썹 피부 표면을 살짝 꼬집으며 튕겨 빼주는 동작을 실시하고 오른쪽 눈썹도 같은 방법으로 실시한다.

(8) 양손바닥을 비벼서 열을 낸 후 손바닥전체를 이용하여 넓게 명궁을 시작점으로 양쪽으로 나누어서 눈썹부위 전체를 적당한 압을 가하면서 빼주기를 3회 실시한다.

3. 모든 것이 들고나는 출납관 입

보통 관상을 볼 때 남자는 눈을, 여자는 입을 관찰한다. 그 이유는 남성은 양 여성은 음에 해당되는데 눈은 바로 하늘의 해와 같아서 양기를 나타내고 입은 바다와 같아서 음기를 나타내기 때문이다. 그러므로 바다인 입은 늘 물기가 마르지 않고 윤택해야 하며 붉고 도톰해야 한다.

윗입술은 비장, 아랫입술은 위장을 관장한다. 따라서 입술에 무언가

가 잘 나고 겨울에 잘 트거나 갈라지는 사람은 비위장의 기능이 떨어졌다는 신호이다. 비장은 몸의 면역기능을 관할하는 곳으로 비장이 약해지면 몸이 피곤해지고 저항력도 약해진다. 입술이 바짝 마르는 것도 건강이 좋지 않다는 신호인데 특히 간이 많이 지쳐 있을 때 일어나는 증상이다. 입 주변에 무언가 트러블이 많이 생기면 자궁이나 방광의 상태를 체크해보아야 한다. 이런 증상은 생리 불순이나 냉 대하 등으로 자궁 주변의 혈액 순환이 잘되지 않기 때문이다.

건강에 이상이 있으면 입술 색에 변화가 온다. 입술이 검푸른 색을 띠면 어혈이 뭉쳐 있기 때문인데 핏기가 없는 입술은 기가 허하고 피가 부족한 상태고, 지나치게 붉다면 열이 많고 피가 넘치는 증상이다. 입술에 물집이 생기거나 부어오르면 면역기능이 저하된 상태이다.

1) 돌출된 입술

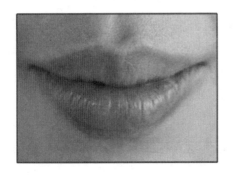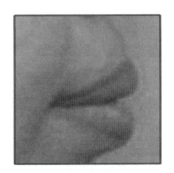

직선적이고 적극적이며 생활력이 강하므로 활동적이며 육체적인 직업이 좋다. 자아가 강하여 자신의 주장을 굽히지 않으므로 주변 사람들과 대립하게 되고 성격이 급하기 때문에 실수가 많다. 여자들은 주관과 고집 때문에 남편과 불화할 수 있다.

2) 들어간 입술

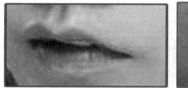 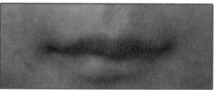

말이 없고 소극적인 성격으로 내성적이고 마음이 약하니 표현력이 부족하여 자신의 의견을 주장하지 않는다. 그러므로 자기주장이 약해 조금은 손해를 보지만 입이 무겁다는 평가를 받아 오히려 신뢰를 얻는다. 낯을 가려 여러 사람 앞에서는 말을 잘 못하나 가까운 사람들과 있을 때는 보기보다 재미있는 사람이다.

3) 두툼한 입술

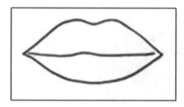 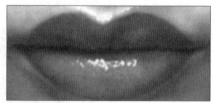

입술이 두툼한 사람은 식욕과 성욕이 발달했으며 다정다감하고 친절한 성격이다. 상대에게 퍼주는 스타일인데 특히 윗입술이 두터우면 너무 베풀다가 손해를 보니 젊을 때는 고생을 할 수도 있다. 하지만 나이가 들어서는 재물운과 자녀운이 좋아진다.

4) 얇은 입술

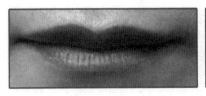 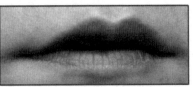

　　타산적이고 조금은 까다롭다고 느낄 수 있는 성격으로 연애관계에 있어서도 사랑보다는 일을 선택하는 애정이 부족한 타입이다. 그러므로 상대적으로 애정운과 자녀운이 약해지고 식복이 없고 주위사람에게 냉담하다. 사람을 평가하면서 의심을 하는 행동을 보이기 때문에 주변을 피곤하게 한다.

5) 아랫입술이 들어간 입술

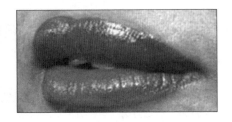

　　아랫입술이 들어간 사람은 다정다감하고 가정적인 성격으로 근면성실하다. 그러나 개성이 약하고 자기주관이 부족해 유혹에 약하고 남에게 끌려가는 편이다.

6) 끝이 올라간 입술

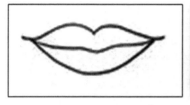 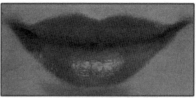

입술 끝이 올라간 사람은 머리가 좋고 총명하다. 긍정적이며 명랑한 성격으로 언변이 좋고 사교적이어서 인기가 있으며 주변사람들과 좋은 유대관계를 형성한다. 재물운과 자녀운이 좋고 특히 중년운이 좋아 횡재를 할 수도 있다. 문장력과 언변술이 뛰어나 문학가, 음악가, 예술가, 연예인, 정치가, 연설가 등으로 성공 할 수 있다.

7) 끝이 내려간 입술

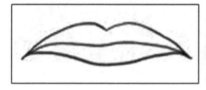 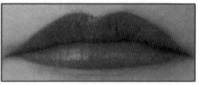

부정적이며 우울한 성격으로 애정운이 약해 외롭고 고독하며 다른 사람의 신임을 얻지 못한다. 재물운이 약해 손실이 생기며 말년운과 자식운 또한 약하다. 아랫입술이 나온 입술은 비판적이며 이기적인 성격으로 권위적이라 외로워질 수 있다. 윗사람과 트러블이 많으니 노력에 비하여 결과가 좋지 않고 말년이 힘들어진다.

8) 입술선이 선명한 입술

 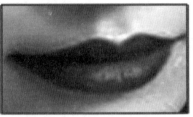

좋은 집안에서 태어나 부족함 없는 상으로 어렸을 적에 부모의 사랑을 듬뿍 받고 자라나 심신이 건강하며 커서도 부족함이 없다. 정확하고 뚜렷한 의사표현으로 끊고 맺음이 확실하다.

9) 주름이 많은 입술

자존심이 강한 사람이다. 매우 활동적인 노력가로 항상 바쁘게 움직이지만 노력에 비해 성과는 좋지 않다. 상술이 너무 뛰어나 오히려 재물을 놓치기 쉬운 상이며 애정운도 그리 좋은 편은 아니어서 남자친구로 좋은 타입은 아니다. 젊을 때는 편하나 말년이 꼬일 수 있으니 조심해야 한다.

(1) 입이 큰 여성은 사회에 진출하여 성공한다. 그러나 정욕이 강하여 향락주의자가 되는 수도 있다. 입이 작은 여성은 의타심이 강하고 현모양처 유형이다. 그러나 끈기가 부족하고 자손연이 희박하다. 남자도 입이 작으면 소심하여 샐러리맨 타입이다.

(2) 입이 앞으로 나온 사람은 공격적이고, 자아가 강하다. 타인에게 엄격하고 공정하고 부지런하나 말이 너무 헤프다. 입이 들어간 사람은 의지가 약하고 적극성이 없다. 그러나 지성적이고 머리가 좋아 여성은 모범적인 아내 상이다.

(3) 입술이 두터우면 건강하고 성격이 밝고 감수성이 풍부하며 요리 솜씨가 있다. 입술이 얇으면 성격이 까다로워 독신주의자가 많은데 여자는 난산을 하는 경우가 많다.

(4) 아랫입술이 나온 사람은 비판적인 성격으로 윗사람과 충돌이 많고 직장이 자주 바뀐다. 이기적이고 욕심이 많으며 자기중심적이다. 아랫입술이 들어간 사람은 유연하나 소극적이고 작은 행복에 만족한다.

(5) 입술 끝이 올라간 사람은 재능이 많고 사교적이며 언변이 좋다. 예체능계에 인기가 있고 성기능도 좋다. 입술 끝이 아래로 처진 사람은 고독한 상이며 배우자운이 약하다. 고집이 세고 비판적이어서 투사형이 많다.

(6) 입술의 윤곽이 뚜렷한 사람은 유복한 가정의 출신이거나 양반집안 출신이다. 웃을 때 잇몸이 드러나면 솔직한 성격이나 유혹에 약하다.

입=출납관 관리법

입술은 얼굴에서 가장 관능적인 부분이다. 입술은 에너지가 강하고 건강할수록 두툼하고 밖으로 돌출되며 에너지가 약할수록 안으로 말려 들어가므로 나이가 들수록 점점 얇아진다.

입 매무새만 보아도 그 사람의 성격, 생활력, 언변, 대인관계, 애정 관계, 성욕까지도 알 수 있다. 그러므로 깨끗하고 뚜렷한 윤곽으로 끝이 약간 올라가며 도톰하고 적당한 크기의 붉고 탄력 있는 입술을 유지하기 위하여 입술관리와 함께 늘 매력적인 미소로 멋진 표정을 만들어 보자.

(1) 양손바닥을 비벼서 열을 낸 후 입술에 좌. 우 손바닥을 교대로 가볍게 올려놓고 열을 전달한다. 입술관리는 열전달 마사지가 효과적이다.

(2) 동작을 연결하여 양손엄지 첫째 마디 돌출된 뼈를 이용하여 인중의 홈(수구혈)과 아래턱의 중앙(승장혈)을 동시에 지그시 누른다.(같은 동작을 3회 반복 실시한다)

(3) 그 동작 그대로 양손엄지 첫째 마디 돌출된 뼈를 이용하여 아랫입술 선 밑의 중앙 점을 기준으로 턱 중앙선을 따라 양쪽 입 꼬리까지 아래에서 위를 향하여 파동을 이용해 풀어준 후 입 꼬리를 누른다.(같은 동작을 3회 반복 실시한다)

(4) 다시 양손엄지 첫째 마디 돌출된 뼈를 이용하여 인중의 홈과 아래턱의 중앙을 동시에 지그시 누른다.(같은 동작을 3회 반복 실시한다)

(5) 동작을 연결하여 윗입술과 윗잇몸을 감싸고 있는 넓은 면을 인중을 중심으로 양쪽 입 꼬리까지 아래에서 위로 양손의 주먹을 가볍게 쥐고 둘째마디 돌출된 뼈를 이용하여 파동으로 풀어준 후 입 꼬리 부위(지창혈)를 눌러준다.(같은 동작을 3회 반복 실시한다)

(6) 왼손 검지, 중지, 약지를 모아 힘을 뺀 후 왼쪽 위아래 입술을 동시에 가볍게 튕겨주듯이 위아래로 마사지한다.(같은 동작을 3회 반복 실시한다)

(7) 오른손 검지, 중지, 약지를 모아 힘을 뺀 후 오른쪽 위아래 입술을 동시에 가볍게 튕겨주듯이 위아래로 마사지한다.(같은 동작을 3회 반복 실시한다)

(8) 양손바닥을 비벼서 열을 낸 후 입술에 좌. 우 손바닥을 교대로 가볍게 올려놓고 입술에 열을 전달한 후 양손 검지, 중지, 약지를 모아 약간 아픔을 느낄 정도의 압을 가해 피아노 치듯이 리듬을 타며 톡톡 8회 두드린다.(같은 동작을 3회 반복 실시한다)

(9) 다시 양손바닥을 비벼서 열을 낸 후 입술에 좌. 우 손바닥을 교대로 가볍게 올려놓고 수 초간 입술에 열을 전달한다.

4. 바르게 감시하고 살피는 감찰관(監察官) 눈

눈은 빛을 통하여 사물을 감지하기에 이를 일러 감찰관이라 한다. 눈은 흑색과 백색이 분명해야 한다. 눈은 안광(眼光)이 저장되어 노출되지 않고 눈동자의 검은자위가 옻칠한 듯하며 흰자위가 백옥과 같고 눈꺼풀 주름이 길게 귀까지 뻗어 나가 맑고 빼어나야 위엄이 있다. 눈을 마음의 창(窓)이라 한다. 그 것은 곧 눈을 통하여 정신의 맑고 탁함(淸濁)을 본다는 이야기다. 해와 달의 빛으로 친지만물을 비추듯이 사람은 두 눈으로 세상만물을 비춘다.

예로부터 얼굴이 100냥이면 눈이 90냥이라는 말이 있듯이 얼굴에서 눈만큼 중요한 것도 없다. 눈을 보고 그 사람의 정신을 읽고, 성격과 자질을 읽고, 두 눈 아래 누당과 와잠을 보아 자손의 운을 살피게 된다. 길상(吉相)의 눈은 깊은 듯 길고 검은자위와 흰자위가 또렷하며 눈동자가 단정하여 광채가 나는 듯해야 한다. 눈동자가 너무 크고 흑백이 혼잡하거나 안광이 너무 노출되거나 혼미하여 맑지 않으면 어리석고 완고하며 흉하며 패하게 된다.

1) 용의 눈

검은 동공에 광채가 있으며, 눈초리 부위가 살짝 올라간 것이 특징이다. 마음이 바르고, 사리가 분명하며, 의리와 신의를 지키고 사회적인 명망을 얻을 수 있다. 용안이라고 부르는 이 눈은 매우 귀한 눈이며, 여러 눈 중에서도 가장 좋다.

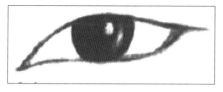 

2) 공작의 눈

윤곽이 분명하고, 눈동자가 검고 빛나는 눈으로, 성품이 청렴결백하며 특히 애정생활에 있어서 사랑의 하모니를 이루어 가정의 행복을 불러오는 길한 눈이다.

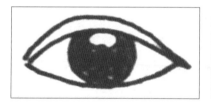 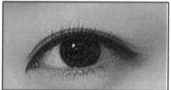

3) 호랑이 눈

눈이 크고, 눈동자가 약간 갈색의 빛을 띠지만, 탁하지 않고 매우 총명해 보인다. 모양이 둥글고 부리부리하며, 성격이 강직하고 불의를 참지 못하며 처신이 항상 바른 편이다. 부귀를 누리게 되는 눈이지만, 자손들에게까지 부가 전달되지는 않는다.

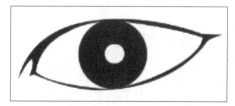 

4) 거북이 눈

눈동자가 둥글고 수려하며 윗 눈꺼풀에 가는 주름이 있는 모양으로, 정이 많고 안정된 성격이다. 뜻과 이상이 원대하고 건강하게 발전한다. 지도자들에게서 많이 보이는 눈이다.

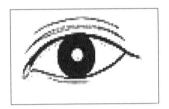 

5) 학의 눈

흑백이 분명하고 눈빛이 청초하다. 평생 높고 깊은 이상으로 뜻을 관철하는 것이 특징이다. 유명한 학자들, 성직자들에게 많이 보이는 눈이며, 어떤 면으로는 최상의 눈이다.

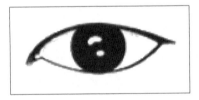 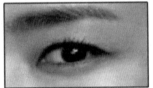

6) 원숭이 눈

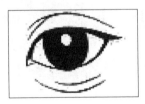 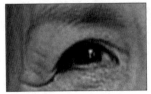

눈동자가 위로 붙은 듯하고 아래 눈꺼풀에 주름이 가지런히 잡혀 있으며, 눈동자를 민첩하게 움직인다. 부귀가 따르고 재치가 있지만 잔근심을 많이 하는 단점이 있다.(또한 이런 눈들은 사람을 진실로 믿지 않고 배신하는 경향이 있기 때문에 멀리 두어야 한다.)

7) 코끼리 눈

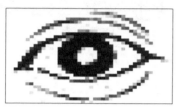 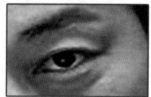

상하 꺼풀에 물결진 주름이 있고 수려하며, 눈꺼풀이 길고 눈이 가는 인자한 얼굴이다. 복록이 많고 장수하며, 주위의 인망을 얻고, 안정된 가정과 사회적인 지위를 얻을 수 있다.

8) 봉황의 눈

관상을 동물에 비유한 눈들 중에서도 가장 격이 높은, 가장 아름답고, 가장 고귀한 눈이다. 이런 눈은 매우 드물며, 너무 격이 높은 상이라 어떤 평가로도 표현이 부족하다. 하늘이 내린 관상이라고 부른다.

9) 물고기 눈

물고기눈은 어리석고 졸렬하고 수명이 짧다. 동태눈과 같이 몽롱하고 힘이 없으며 눈동자를 움직이지 않는다. 정신이 희미하고 병고를 면치 못하며 덧없는 인생을 살게 된다. 흉악범들이 많다.

10) 소 눈

소눈은 둥글고 큰데 유난히 속눈썹이 많다. 성품이 인자하고 인내심이 강하며 실수가 없고 부지런한데 부자들이 많다.

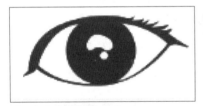 

11) 삼백안이란?

삼백안이란 눈동자 주위로 삼면에 흰자가 보이는 눈으로 눈을 약간 위로 치켜 올린 듯 한 눈빛을 띄고 있어 상대방을 노려보는 듯 한 느낌을 주기도 한다. 승부욕과 야망이 강하여 자신의 목적을 위해서는 어떠한 수단과 방법을 가리지 않고 자신의 속마음을 잘 드러내지 않는 특징이 있다. 음흉하거나 도벽이 있으며 거만한 성격의 소유자가 많다.

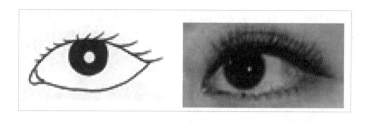

12) 도화안이란?

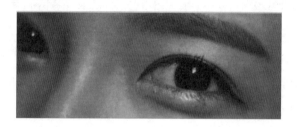

도화안이란 소위 도화살이 잇는 눈이다. 도화살이란 남성과 여성 모두에게 나타날 수 있는 상으로 이성의 복이 많다. 요즘은 잘나가는 연예인들이 이 도화살을 가지고 있는 경우가 많다. 도화안은 다른 사람들과 다른 특이한 눈빛을 하고 있는 것이 특징이라고 할 수 있다. 눈이 항상 촉촉하게 젖어있어 몽환적인 느낌을 주며 쌍커풀이 보일 듯 말 듯 앞쪽은 눈을 떴을 때 가려지면서 눈의 끝 쪽은 살며시 보여 이성에게 매력적으로 느껴지는 눈이다.

눈의 관상

(1) 눈을 똑바로 보지 못하는 사람은 잘못을 하였거나 비밀이 있는 사람이며 눈빛이 어두운 사람은 신용이 없고 안 좋은 생각을 품고 있다.

(2) 안정이 안 되고 움직이는 눈은 마음이 초조하고 불안하며, 화난 듯 한 눈은 투쟁심이 강하고, 온화한 눈은 따뜻한 마음과 덕이 있다.

(3) 눈 꼬리가 올라간 사람은 추진력이 좋고 정직하나 히스테리와 질투심이 강하고 눈 꼬리가 쳐진 사람은 실수가 적고 호인이나 주색에 빠질 염려가 있다. 눈 꼬리가 아래로 처져있으면 현실적인 감각이 아주 뛰어나며 이기적인 성격으로 완벽주의를 추구한다. 성실성으로 남에게 인정은 받지만 스스로 완벽함을 요하기에 스트레스를 받는다. 반대로 눈 꼬리가 위로 올라갔다면 성격이 예민하고 감정의 기복이 심해 신경성 질환에 걸리기 쉽다.

(4) 삼각형의 눈은 장사에 솜씨는 있으나 울분을 삭이고 간계에 능하며 음흉한 사람이다. 튀어나온 눈은 정력가이고 재치가 있으며 민첩하나 자녀운이 나쁘고 배우자와 인연이 약할 수 있다.

(5) 푹 들어간 옴팍 눈은 추위를 유난히 많이 타고 몸이 냉하기 때문에 여성은 불임이거나 자연유산을 조심해야 한다. 깊은 눈은 집착이 강하고 소심하고 영리하며 끈기가 있으나 노력의 대가를 얻기가 어렵다. 짝눈은 재치 있고 센스가 빠르나 인생에 굴곡이 심하고 재혼의 상이다.

(6) 촉촉한 눈은 사랑에 빠지는 스타일로 외도를 할 수도 있고 갈색 눈은 일에는 유능하나 이기적이고 감정적이며 계획성과 인내심이 부족하다.

(7) 눈이 너무 크면 간담이 허하여 무서움을 잘 타며 목에 가래가 끓고 편도가 자주 붓는다.

눈은 오행으로 목(木)에 속하며 오장에서는 간을 말하며 육부로는 담을 말한다. 간 기능에 이상이 생기면 눈이 쉽게 피로하고 눈에서 열이 나며 눈 주위의 피부가 갈색으로 변하거나 기미가 낀다. 눈 밑은 호르몬이 나오는 곳이므로 약간 볼록한 것이 좋다. 눈은 정신과 에너지가 머무는 곳으로 마음을 표출하는 부위이다. 눈은 검은자위와 흰자위가 분명하고 빛이 나야 좋으며 시선이 바르고 정기가 있어야 한다. 눈 관리를 통하여 아름답고 좋은 눈을 유지하도록 하자.

(1) 양손바닥을 비벼서 열을 낸 후 양손 중지를 이용하여 전택궁 시작점인 눈앞머리(정명혈)를 지그시 눌러서 풀어준 후 동작을 연결하여 올라오면서 형제궁 시작점인 눈썹앞머리(찬죽혈)를 위를 향해 둥글리면서 압을 가해 지그시 누르면서 풀어준다.(같은 동작을 3회 반복 실시한다)

(2) 동작을 연결하여 부모궁 시작점 자리(어요혈)를 누르고 어미간 문(동자료혈)을 거쳐 관자놀이 부위 움푹 들어간 부분인 처첩궁 부위(태양혈)를 위로 쭉 당겨주고 둥글리면서 압을 가해 누르면서 풀어준다.(같은 동작을 3회 반복 실시한다)

(3) 양손바닥을 비벼서 열을 낸 후 오른손 엄지를 세우고 엄지의 넓은 면을 이용하여 가볍게 압을 주어 왼쪽 눈 안쪽에서 눈 바깥쪽을 향해 밀어내듯이 빼준다.(같은 동작을 3회 실시한다)

(4) 오른쪽 눈도 같은 방법으로 관리를 실시한다.

(5) 동작을 연결하여 양손 중지를 이용하여 전택궁 시작점인 눈앞머리를 지그시 눌러서 풀어준 후 와잠부위를 둥글리면서 가볍게 압을 가해 지그시 눌러서 어미간문까지 쪽을 향해 풀어준다.(같은 동작을 3회 반복 실시한다)

(6) 엄지를 제외한 양손 사지를 이용하여 피아노 건반을 튕겨 주듯이 리듬을 타면서 전택궁, 자녀궁(와잠)과 함께 처첩궁(부부궁)까지 가볍게 두드려준다.

(7) 양손바닥을 비벼서 열을 낸 후 양손 엄지를 세우고 이면을 이용하여 가볍게 압을 주어 와잠 부위 안쪽에서 바깥쪽을 향해 밀어내듯이 아주 가볍게 빼준다.(같은 동작을 3회 실시한다)

(8) 얼굴을 오른쪽방향으로 돌리고 왼쪽 얼굴의 처첩궁을 오른손 엄지를 이용하여 눈썹 끝을 중심으로 천이궁 방향으로 귀 밑까지 3등분하여 피부 표면을 살짝 끌어당기듯이 올려준 후 왼손 엄지를 오른손 엄지에 올려놓고 둥글리면서 압을 가해 지그시 눌러준다.

(9) 동작을 연결하여 양손바닥을 이용하여 처첩궁(어미간문) 부위 전체를 넓게 아래에서 위를 향해 끌어 올려주는 동작을 8회 한 후 오른손 위에 왼손 바닥을 얹혀놓고 왼손 바닥 장근을 이용하여 꾹 눌러준다.(같은 동작을 3회 반복 실시한다)

(10) 오른쪽도 같은 방법으로 실시한다.

(11) 얼굴을 정면으로 향하게 한 후 양손 엄지와 중지의 지문을 이용하여 가볍게 피부 표면을 살짝 꼬집으며 튕겨 빼주는 동작을

한다.

(12) 양손바닥을 비벼서 열을 낸 후 명궁을 중심으로 이등분하여 처
    첩궁을 지나 귀를 감싸면서 귀 밑을 향해 압을 가해 밀어내듯
    이 힘을 빼준다.(같은 동작을 3회 반복 실시한다)

5. 분별하여 자기주장을 펴는 코(심변관)

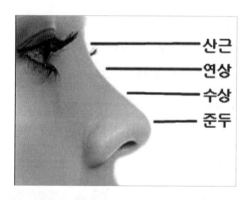

코는 얼굴의 중앙으로 오악 중에 중악이 되고 사독 중에 제독(濟瀆)
이 되며 오성 중에 토성(土星)이 된다. 해당하는 장부로는 폐에 속하므
로 폐가 열이 나면 코가 막히고 폐가 맑으면 코가 열려 호흡이 잘되고
냄새도 잘 맡을 수 있다. 산근과 연상, 수상을 질액궁이라 하는데 몸이
건강한 사람은 산근과 연상, 수상이 깨끗하고 몸에 병이 있으면 연수와
산근이 어두워진다. 특히 만성 위장병이 있는 사람은 언제나 산근과 연
수가 어둡다.

코는 산근이 함하지 않고 연상 수상 준두가 풍후가고 난대정위가 준
두를 잘 감싸주어야 하며 콧구멍은 크나 드러나지 않아야 한다. 이와 반

대로 코가 굽거나 휘었거나 콧구멍이 훤히 보이는 것은 좋지 않다. 코가 풍후하고 윤택하면 40세 이후에 운이 크게 열리고 코가 엷고 뼈가 불거진 사람은 40세 이후에 재산을 잃고 만년에 고생한다. 난대정위가 좋은 코는 부귀 하는 상이다.

1) 좋은 코의 상

콧대가 높고 살이 풍부한 자는 장수하고 코가 현담과 같은 자는 부귀 하다. 콧대가 실하면 장수하고 준두가 둥글고 바르면 의식이 풍부하여 부자 되기에 틀림없다. 코가 윤택한 사람은 재물운이 좋다.

코는 잘 뻗어 곧고 반듯하며 코와 얼굴의 비율이 1/3~1/3.5사이로 잘 맞아야 길한 상이다. 또한 콧구멍이 훤히 보이지 않는 코가 금전운을 타고나 부자가 된다.

2) 나쁜 코의 상

다이애나비의 구부러진 코   오원춘의 낮고 뺑 뚫린 코

준두가 뾰족한 코는 간사한 사람이며, 코에 흑자가 많은 사람은 막

힘이 많다. 콧등에 가로금이 많은 사람은 교통사고 등으로 몸을 다칠 상이고 콧등에 세로금이 많은 자는 다른 사람의 아들을 양자로 맞이할 상이다. 매부리처럼 구부러진 코는 남의 등골을 빼먹을 상이며 코가 여러 번 굽은 자는 고독하다. 콧구멍이 위로 들려 보이는 코는 윗사람의 덕을 받지 못하는 상으로 재물운이 좋지 않다. 성격 또한 거칠고 버릇이 없다

3) 높은 코

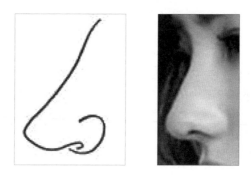

높은 코는 보수적인 성향의 사람으로 매사에 치밀하며 자존심이 강하다. 자존심이 강한 만큼 지기 싫어하고 고집과 욕심이 있어서 잘못하면 융통성이 부족하고 대인관계가 원만하지 않게 될 수 있다. 이런 코는 다른 사람들에게 조금은 쌀쌀맞고 냉정하게 보이는 타입인데 개인적으로 매진할 수 있는 일을 하는 것이 좋다.

4) 낮은 코

낮은 코는 자신감이 없어 주관이 부족하고 개성이 약하다. 하지만 주어진 일을 부지런히 하는 타입으로 주변사람들과 잘 어울리고 눈치가 빨라 임기응변이 뛰어나다. 이런 코는 자신의 일을 벌여서 하는 것보다

남의 일을 받아서 하는 게 좋다. 콧마루가 특히 낮은 사람은 남에게 의
지하는 성향이 있다.

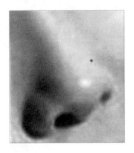

5) 긴 코

코가 길면 책임감이 있는 성실한 타입으로 무슨 일을 하든지 핵심을
집어 처리하는 유형으로 세밀하고 꼼꼼하여 회계나 관리직이 좋다. 그러
나 보수적이고 완고하고 융통성은 부족하다.

 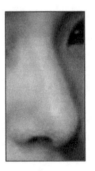

6) 짧은 코

성격이 유해서 사람을 상대하는 직업이 좋다. 장사를 하면 사람을
끌어들이는 힘이 있다. 깊이 고민을 하지 않은 성격을 가지고 있어 무슨

일을 할 때 매우 부지런하고 센스가 있다. 낙천적인 성격으로 대인관계가 원만하고 친구가 많다. 그러나 코가 짧은 사람은 지도력과 리더십이 부족해 남을 리드하는 입장이 되기 힘들다.

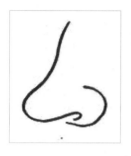
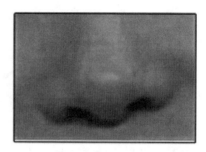

7) 콧방울이 미약한 코

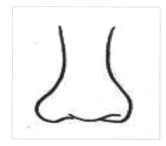
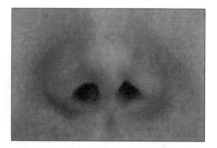

콧방울이 미약한 코는 운세가 약하여 외롭고 고독한 상이다. 지도력과 리더십이 약하여 어려움이 닥쳤을 때 헤쳐 나가는 힘이 약하고 자녀복이 안 좋은 코로 재물운이 나쁘며 특히 말년에 고독하게 보낼 수 있다.

8) 주먹코

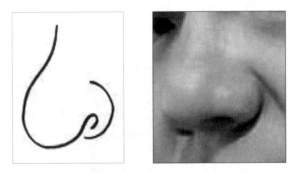

주먹코는 일명 복 코라고도 불리는데 재물복이 있는 코로 특히 콧방울이 살집이 있고 널찍하면 금전운이 넘쳐 부자가 되는 상이다. 애정운이 좋고 여자는 좋은 남편을 만나행복하게 잘 산다.

9) 코끝이 둥근 코

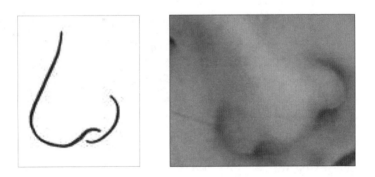

선량하고 원만한 성품의 소유자로 남의 부탁을 거절하지 못하고 인간관계가 좋다. 배우자운이 좋아 화목한 가정을 이루고 재물 복 역시 좋다.

10) 코끝이 날카롭고 뾰족한 코

 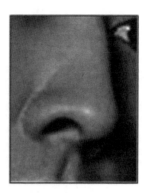

성격이 날카롭고 자존심이 강하여 외로울 상이다. 미적 감각과 감수성이 예민하나 지구력이 약하고 신경질적이다. 배우자운이 나빠 부부가 화목하지 못하고 이별수가 있다. 금전운은 유동적이라 흥망성쇠의 부침이 많다.

11) 콧구멍이 작은 코

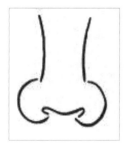 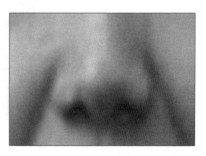

신중하고 조용한 타입으로 남들에게 자신을 잘 들어내지 않으며 비밀을 잘 지키는 사람이다. 저축심이 강한 자린고비 구두쇠이나 큰 재물복은 없다.

12) 콧구멍이 큰 코

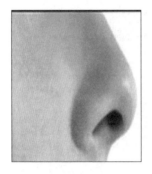 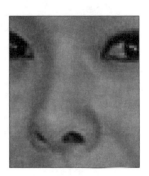

　개방적이며 호탕하고 밝은 성격이나 반면에 비밀은 잘 지키지 못한
다. 돈은 벌기도 잘 벌지만 낭비 또한 심하다. 콧구멍이 너무 큰 사람은
성격이 급하고 기력을 갈무리하지 못해 단명하기 쉽다.

13) 코가 들려 콧구멍이 보이는 코

 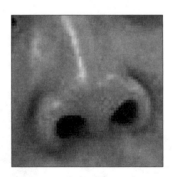

　선하고 인간적인 성격의 소유자이며 개방적인 낙천주의자로 저축관
념이 부족해 돈이 모이질 않는다. 입이 가벼워 비밀을 지키지 못하는 성
격인데 남녀를 불문하고 정조관념이 희박하다.

14) 코끝이 쳐져 콧구멍이 안 보이는 코

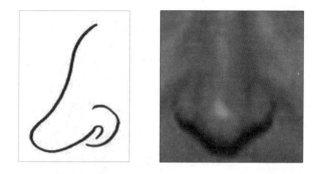

코끝이 쳐져 콧구멍이 안 보이는 코는 내향적인 성격으로 금전관리가 세밀하며 알뜰하다. 콧구멍이 아예 안 보이는 코라면 완전 인색한 타입이다.

15) 휘어진 코

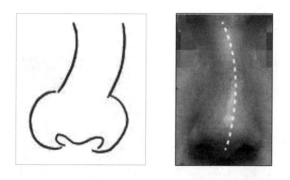

휘어진 코는 모양처럼 삶도 순탄하지 않는다. 코가 휘어지면 척추가 틀어지거나 몸의 비대칭이 심한데 일생을 살아가며 남에게 사기를 당하거나 일을 시작해도 용두사미로 끝나므로 사업보다는 직장생활이 좋다.

16) 매부리코

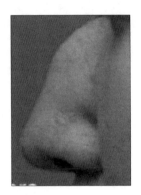

매부리코는 물질만능주의이며 기회를 잡는 데는 신속하나 돈 때문에 의리를 저버릴 수도 있다. 또한 한번 마음먹으면 반드시 하는 성격으로 고집이 강해 타협을 하지 못하니 아집이 강한 것으로 보일 수도 있다. 그러한 성격으로 인해 결혼생활도 원만하지 못하다.

17) 잔주름이 있는 코

여자들이 웃을 때 콧등에 주름이 생기도록 찡그리며 웃는 경우가 있다. 모르는 사람들은 그것을 매력적이라고 하는데 이는 오히려 살기라고 한다. 가로주름이든 세로주름이든 콧등에 생긴 주름은 재물의 운을 약화시킨다. 세로 주름이 깊다면 경계심과 의구심이 높아져 삶에 발전이 없으며 가로주름이 많다면 삶에 우환이 생기며 고생스럽게 살아간다.

18) 딸기 코

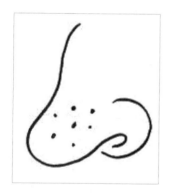 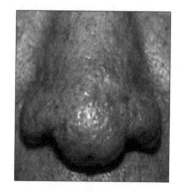

코끝이 붉은 딸기코는 술과 이성의 유혹에 약하여 쉽게 빠져들어 중독되기 쉽다. 이로 인해 말년에 재물운과 건강운이 나빠져 고생하게 된다.

코의 관상법

(1) 코는 남성의 상징이다. 코가 잘생기면 장수하고 재운이 좋은데 코를 통하여 40대의 활동력과 생활력, 자존심, 재물운, 출세와 성공운을 볼 수 있다.

(2) 콧등이 쭉 뻗어 고른 사람은 음악, 미술, 예술을 좋아하고 여자
는 허영심과 자존심 강하고 정신적인 면이 우수하다.

(3) 조화롭게 작은 코는 재물운도 좋고 사업을 잘하며 성공한다. 코
에 살이 없으면 재물운이 없고 고생을 많이 할 상이다.

(4) 코가 유별나게 크고 높은 사람은 외견상으로는 안정된 듯하나,
의지가 약하고 처자식에 인연이 박하며 크게 한번 실패한다.

(5) 콧부리가 뚜렷한 사람은 운세가 강하고 궁지에 몰리면 구원자가
나타난다. 그러나 콧부리가 없는 사람은 자손과 친척에 인연이
박하고 일의 마지막에 실패 한다.

(6) 코에 흉터가 생기면 가정에 재앙이 오고 재물 손실이 생기며 삼
각관계나 스캔들이 생긴다.

(7) 코는 자신의 위상을 나타낸다. 코가 높은 사람은 고집이 세고 자
기주장이 강하다. 콧대가 길면 보수적인 성향이 높고 코끝이 콧
방울보다 약간 길게 내려온 사람은 미적 감각이 있으며 남자의
산근이 푹 꺼져있으면 몸이 약한 부인을 만나서 자손이 귀할 수
있다.

(8) 콧등은 실행력, 코끝은 공격력, 콧방울은 저축력을 말한다. 콧등
이 깨끗하고 쭉 뻗어 주름이 없으며 콧방울은 단단하고 낚시 바
늘처럼 동그라면서 탄력이 있어야 복이 있는 코라 하겠다.

심판관 관리법

재물을 관장하는 코는 오행으로는 금(金)에 해당하며 오장은 폐에
육부는 대장에 속한다. 코는 눈의 흰자위와 함께 폐 대장과 피부 전체를
주관하고 있다. 폐 기능에 이상이 생기면 코 주위에 땀구멍이 커지거나

실핏줄이 확장되어 붉은 색으로 변하고 피부 살갗이 얇아져서 눈가와 입 주위에 잔주름이 생긴다. 특히 대장에 이상이 생기면 얼굴 피부가 누렇게 변하기도 하고 만성 여드름으로 고생하기도 한다.

코가 휘면 등뼈가 휘어서 허리와 등과 어깨가 아프며 뒷목이 뻣뻣하다. 원인은 몸이 냉하기 때문에 생식기가 차고 그 위로 올라가는 혈이 부족하므로 등뼈가 휘고 이에 따라 코도 차츰 휘는 것이다.

코가 붉으면 풍이거나 신장에 열이 많은 경우이며 코끝이 붉으면 방광염이나 신장, 생식기 쪽에 문제가 있다. 콧등이 불룩하면 몸 전체의 순환작용이 제대로 이루어지지 않아 심폐기능, 가슴통증, 소화불량, 십이지장궤양에 문제를 일으킨다.

그러므로 코에 트러블이 생기거나 콧대가 눈에 띄게 틀어졌거나 울퉁불퉁한 경우에는 코 관리를 통하여 반듯한 코를 유지하여주는 것이 건강운과 재물운을 좋게 하여준다.

(1) 양손바닥을 비벼서 열을 낸 후 양손 장지를 이용하여 정명혈을 지그시 눌러서 풀어준 후(같은 동작을 3회 반복 실시한다)

(2) 오른쪽 정명혈과 비천혈자리에 왼손 엄지 전체 이면을 얹혀놓고 오른손 장근의 압을 이용하여 정명혈에서 비천혈을 향해 아래로 동시에 지그시 눌러준다.(같은 동작을 3회 반복 실시한다)

(3) 같은 동작으로 왼쪽 정명혈과 비천혈자리에 오른손 엄지 전체 이면을 얹혀놓고 왼손 장근의 압을 이용하여 정명혈에서 비천혈을 향해 아래로 동시에 지그시 눌러준다.(같은 동작을 3회 반복 실시한다)

(4) 동작을 이어서 양손 엄지의 첫째마디 튀어나온 부분을 이용하여

비천혈자리를 정명혈자리를 향해 압을 가해 아래에서 위로 안에서 밖을 향하여 둥그리듯 원을 그리는 마사지를 한다.

(5) 동작을 연결하여 양손 엄지 지문을 이용하여 질액궁 부위를 아래에서 위를 향해 지그재그로 풀어주는 동작을 8회 하고 오른손 엄지위에 왼손엄지를 얹혀 놓고 인당혈을 둥글리면서 압을 가해 눌러준다.(같은 동작을 3회 반복 실시한다)

(6) 동작을 연결하여 재백궁을 동시에 관리를 해 준다.

(7) 정명혈을 누른 후 내려가면서 양쪽 콧방울 옆 영향혈을 양손 엄지이면을 이용하여 지그시 눌러준다.(같은 동작을 3회 반복 실시한다)

(8) 동작을 연결하여 양손 중지와 약지를 모아 콧방울을 감싸듯이 둥그랗게 8회 마사지하고 영향혈을 누르면서 동시에 튕겨준다. (같은 동작을 3회 반복 실시한다)

(9) 동작을 연결하여 양손 중지와 약지를 모아 콧방울을 시작점으로 콧대를 감싸 주듯이 올려주면서 힘차게 오르내리는 동작을 8회 한 후

(10) 바로 이어서 정명혈을 양손 중지를 이용하여 꾹 누른 후 안륜근을 한 바퀴 돌아서 다시 정명혈을 눌러준다.(같은 동작을 3회 반복 실시한다)

(11) 동작을 연결하여 코 중간 부위를 양손 중지와 약지를 모아 같은 동작으로 밖에서 안으로 8회 둥글려 포인트 압을 주고

(12) 다시 안에서 밖을 향해 8회 둥글려 포인트 압을 준 후 동작을
연결하여 양손바닥을 이용하여 준두부터 산근을 향해 양손을
번갈아가면서 쓸어 올려주는 동작을 8회 한 후

(13) 오른손 검지를 명궁자리에 놓고 왼손 장근을 이용하여 꾹 누른
다.(같은 동작을 3회 반복 실시한다)

Self Beauty Physiognomy Care

제 **9** 장

여자의 7살 — 剋夫의 상

Self Beauty Physiognomy Care

Self Beauty
Physiognomy Care

제9장

여자의 7살 - 剋夫의 상

중국 명나라시대에 원충철이란 관상가가 있었는데 어찌나 상을 잘 보던지 그 소문이 자자하여 중국 황궁에 들어가 황제를 보필하는 상보 사소경이라는 지위에 이르렀다고 한다. 원충철이 지은 유장상법 에는 명나라 황제인 영락황제가 원충철에게 100가지 질문을 하였고 그에 답을 한 기록이 있는데 이를 '영락백문'이라 한다. 이 책에 남자를 망하게 할 수 있는 여인의 칠살에 대한 얘기가 나오니 관상학에 관심이 있거나 결혼 전 배우자를 맞이하고자 하는 입장에서 읽어 보면 참고가 될 내용이다

1. ☝️ 美婦黃睛(미부황정)

미모의 여자의 눈동자가 노랗다는 뜻이다. 남녀 모두 눈동자 안에 노란 테가 있으면 정업(正業)에 종사하지 않는다. 정업이란 일반적인 직업인데 정업이 아니라면 사채업, 술장사, 성매매업, 음란물유통업, 마약류 및 총포류 유통업 등을 예로 들 수 있다. 황정의 눈동자를 가진 여자는 대부분 사납고 기가 센 경우가 많다. 남자건 여자건 눈이 노랗다면 바람끼가 있고 팔자가 사납다. 동양인의 눈동자는 당연이 까맣고 윤택 한 것을 길상으로 본다. 주의할 점은 황정의 눈이라 함은 누렇고 윤기가 없는 것이다. 황금색처럼 맑고 윤기가 나는 눈빛이라면 좋게 볼 수 있다.

2. 面大口小(면대구소)

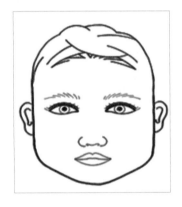 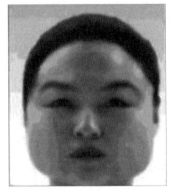

　　여자가 얼굴이 위아래로 납작하고 좌우로 아주 넓은 것을 관상학적 용어로 '대찰'이라 하는데 이런 얼굴을 가진 여자는 과부들이 많다. 일반적으로 사람이 입이 작으면 소심한 성격인데 얼굴이 크고 입이 아주 작으면 그것을 살기(殺氣)라고 유장상법에서는 말한다.

　　여자가 얼굴이 크고 넓으면 양(陽)의 기운이 강하다. 그래서 성질이 좀 과격한 면이 있다. 면대구소의 상을 가진 여자도 28세 전에는 얌전한 경우가 많다. 하지만 28세가 넘으면 본연의 성격이 나온다. 얼굴이 큰데 턱까지 각이 져 있다면 남편 말을 안 듣고 고집 세고 제멋대로이다.

3. 鼻上生紋(비상생문) - 코등 위의 세로의 잔주름

여자가 활짝 웃을 때 콧등을 잔뜩 찡그리며 웃어 콧등에 세로로 주름 살이 지는 경우가 종종 있는데 이런 경우를 비상생문이라고 말한다. 잘 모르는 사람들은 그것을 매력적이라고 하는데 이는 유장상법에 따르면 남 자를 다치게 하는 살기이므로 단순히 매력적이라고 말하기는 어렵다.

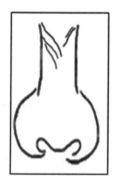  

4. 耳反無輪(이반무륜)

이반(귀가 뒤집힘)무륜(귓바퀴가 없음)이란 속귀가 돌출되어있고 귓 바퀴가 없는 것을 말한다. 이반무륜이면 여자가 시집을 서 너 번 가도 끝나지 않는다고 하는데 이러한 귀는 유장상법에 따르면 남자를 다치게 하는 살기이다. 남녀 모두 귀가 뒤집혀 있으면 생활력이 강하고 활동적 이며 고집이 굉장히 세기 때문에 팔자가 세다. 귀는 1~14세의 유년기의 운세를 보는 곳인데 여자귀가 저렇다면 불우한 가정환경에서 자랐을 가 능성이 높다. 이 시대는 성형을 해서 얼굴을 고치는 경우가 많은데 만약 얼굴이 과부상이 아니더라도 귀가 이반무륜이라면 다시 한 번 살펴보아 야 한다.

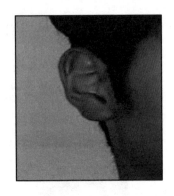

5. 極美面女銀色(극미면여은색)

특급의 미모에 얼굴이 차갑게 은빛으로 빛나는 여자도 유장상법에 따르면 칠살(七殺)에 속한다. 동북아 여성의 피부색은 황색이 표준인데 은색이라는 것은 너무나 피부가 하얗기 때문에 마치 은빛으로 빛나는 경우를 얘기 한다. 동북아 여성의 경우 너무 흰 피부는 살기로 작용한다. 너무나 낮 빛이 차갑고 냉정해서 은빛으로 빛나는 경우인데 표정이나 행동이 차갑고 심성이 냉혹하여 배우자운이 약해지고 팔자가 세지는 경우이다.

6. 黑髮無眉(흑발무미)

유장상법에 따르면 머릿결은 아주 새까맣지만 윤기가 없고 눈썹이 거의 없는 경우를 흑발무미라 한다. 모나리자도 흑발에 눈썹이 없는데 관상학적으로 볼 때 화류계 여자가 아닐지도 모른다.

여자의 귀함을 보는 곳은 대표적으로 이마와 눈썹이다. 여자의 귀함은 눈썹에서 나오는데 눈썹이 없는 여자를 부인으로 맞을 땐 그 심성을 특히 잘 살펴야한다. 머리칼이 거칠고 검으며 선천적으로 눈썹이 없는 경우를 발흑무미 라고 하는데 눈썹이 없는 여성은 본성이 천하며 화류계가 될 수 있다.

7. 睛大眉粗(정대미조)

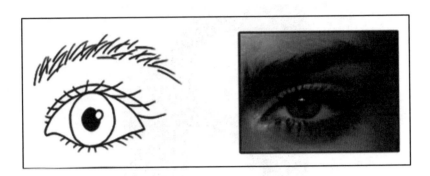

눈이 큰 경우를 혹시 예쁜 눈이라고 생각할 수도 있다. 하지만 눈동 자가 지나치게 크면 정대(睛大)이다. 또한 사람의 눈썹은 한쪽 방향으로 가지런하게 나있어야 길상인데 눈썹이 거칠다는 것은 이쪽저쪽으로 삐 죽 삐쭉 제 멋대로 나있으며 가지런하지 못 한 것이다.

눈이 흰자위가 세군 데가 보이면 삼백안이라 한다. 흰자위가 밑으로 보이면 하삼백, 위로 보이면 상삼백이다. 사람의 눈은 뇌가 정상적으로 활동하지를 보는 곳으로. 정신의 기운을 보는 곳이며 상학에서 가장 중 요하게 보는 곳이다. 눈동자에 결함이 있으면 정신에도 문제가 있다고 보는 게 관상학의 이론이다.

눈동자와 흰자위가 적당하게 비율이 맞아야 하는데 반대로 검은자위 가 비정상적으로 큰 경우도 문제가 있다고 본다. 눈동자가 너무 크면 일 백안이 될 수 있는데 이 경우 삼백안이나 사백안 처럼 정신적으로 안정 이 안 되고 문제가 있을 수 있으므로 이런 여인은 조심해야 하며 특히 눈동자가 항상 붉은 여인도 조심해야 한다.

제 **10** 장

부위별 관상 보는 방법

Self Beauty
Physiognomy Care

1. 이마

이마는 넓고 높이 솟아 가지런하며 요철이나 흉터가 없어야 좋다. 마치 간(肝)을 엎어 놓은 것처럼 둥그스름하고 매끈하며 관자놀이 부근부터 도톰하게 살이 올라 있는 이마를 최고로 좋게 본다. 이런 이마를 가진 사람은 성품이 밝고 편안하며, 업무에도 두각을 나타내며 성공과정이 순탄하다. 이마가 좌우균형이 맞지 않거나 상처나 요철이 있고 어지러운 주름이 있고 기색(氣色)이 어두침침하면 운세의 기복이 심해 많은 고생을 겪을 수 있다.

이마에는 세 개의 주름이 있는 것이 좋다. 가장 위에 주름을 천문(天紋)이라고 하고 가운데 있는 주름을 인문(人紋), 맨 아래 주름을 지문(地紋)이라고 한다.

천문(天紋)은 부모, 손윗사람, 관청과의 관계가 좋고 나쁨을 판단하는 곳으로 이 주름이 선명하고 중간에 끊긴 곳이 없으면 부모나 손윗사람의 총애를 받고 관청의 덕을 보는 등 운세가 좋다.

인문(人紋)은 자신의 운세와 함께 금전운을 나타내는데, 이 주름이 분명하고 깊게 새겨져 있으면서 양 끝이 위로 올라가 있으면 자금회전력이 좋아 업무나 사업에 금전적 어려움이 없고 건강이 좋고 친구 덕도 있다. 인문이 끊어진 사람은 일생 중 한 번은 큰 실패를 하고 결혼운도 나쁘다.

지문(地紋)은 자식이나 손아랫사람 그리고 주거 관계를 나타내는 주름으로 이 주름이 끊긴 데가 없고 선명하면 일찌감치 내 집 마련에 성공하고 가운을 번영시키며 자식 복 또한 많다. 천지인 삼문이 모두 가지런하면 평생 의식주 걱정이 없는데 이마에 잔주름이 많으면 남의 일로 분주하다

이마는 넓고, 살이 있고, 요철이 없고, 흠이 없어야 좋다. 그런데 남편의 이마가 넓으면 시부모를 봉양하기 쉽다. 이마 중앙(관록)이 좋으면 공직자로 출세하는데 미간에 내 천(川)자 주름 있으면 고생을 한다. 이마에 요철(凹凸)이 있는 사람은 손윗사람과 의견이 잘 맞지 않고 이마가 절벽 같거나 흠이 있으면 윗사람과 충돌이 많고, 고생이 많으며 직장을 자주 옮겨 다닌다. 장남은 대부분 이마가 넓다. 차남이 이마가 넓으면 장남 역할을 한다.

· ·

2. 눈썹

눈썹은 교감신경과 부교감 신경이 관장하는 부위다. 그래서 화가 나면 눈썹이 곤두서고 마음이 가라앉으면 눈썹도 차분해진다. 눈썹은 31~34세 사이의 운명을 나타내기 때문에 눈썹이 잘생긴 사람은 이 시기의 운세가 강하다.

관상학에서는 눈썹 모양을 통해 형제관계를 보는데 형제가 많지 않은 요즘은 대인관계를 따지는 데 활용한다. 눈썹이 잘생긴 사람은 대인관계가 원만해 인덕이 많다. 잘생긴 눈썹이란 적당히 짙으면서 윤기가 흐르고 차분히 누워있고 활이나 반달처럼 부드럽게 휜 모양에 흑색을

띠는 눈썹을 말한다.

짙은 눈썹을 가진 사람은 일을 할 때는 확실하게 밀어 붙이는 보스 기질을 지녔으며 에너지가 강해 나이가 들어서도 아랫사람에게 일을 물려주기보다 직접 일을 하는 스타일인데 눈썹이 너무 짙으면 자기주장이나 추진력이 너무 강해 일을 그르치기 쉽다. 반대로 눈썹이 너무 옅으면 의지가 약하고 치밀하지 못하며 주변에 사람이 없어 혼자 있는 것을 즐기는 고독형 일 수 있다.

눈과 마찬가지로 눈썹 역시 눈썹과 눈썹 사이를 살펴야 하는데, 이곳은 행운이 들어오는 대문이기 때문이다. 눈썹과 눈썹 사이는 손가락 2개가 들어갈 정도면 적당한 거리이다. 눈썹과 눈썹 사이가 붙어 있으면 급한 성격으로 참을성이 부족한데 이 거리가 먼 사람일수록 두뇌가 명석할 가능성이 높다. 눈썹의 꼬리 위치는 콧방울과 눈초리를 일직선으로 연결한 선의 연장선상에 걸쳐 있는 정도가 적당하다. 눈썹이 앞머리만 있고 뒤가 없는 경우는 머리는 좋으나 대인 관계가 취약하다. 이런 경우 화장법을 이용해 잘생긴 눈썹을 만들 수 있는데 이는 대인관계의 운기를 스스로 좋게 만드는 셈이다.

3. 눈

눈을 마음의 거울이고 건강의 척도라고 말하는 이유는 눈이 오장육부의 기능과 함께 그 사람의 현재 감정 상태를 그대로 표출하기 때문이다. 눈은 그 사람의 정신과 일치된다. 눈은 가늘고 길며 흑백이 분명하고 맑게 빛나야 좋다. 눈의 크기는 보통 가로 3cm 정도를 표준으로 본다. 그 이상은 큰 눈, 그 이하는 작은 눈으로 본다.

큰 눈은 풍부한 감성과 개방적인 성격, 이성적인 매력을 갖추었다면 작은 눈은 의지가 굳고 총명하며 생활습관이 수수하고 현실적이어서 분수에 맞는 생활을 선호하며 화려함보다는 내실을 추구하는 사고방식으로 당장의 이익보다는 장래를 내다본다. 눈을 살필 때는 눈의 형태 뿐 아니라 눈에서 나오는 빛, 즉 안광도 보아야 한다.

좌우 눈의 크기가 현저하게 다른 소위 짝눈인 경우는 기본적으로 재물운은 따르지만 성격이 까다로우며 애정운이 불미해 결혼 생활에 장애가 많다. 또한 돌출 된 눈은 일을 확실하게 밀어 붙이는 스타일이지만 자칫 경솔한 태도 때문에 그르칠 수도 있다. 찢어지면서 끝부분이 올라간 눈은 승부욕이 강한데 안광이 사악하거나 독기가 보이면 천하게 여겨진다.

보통 사람의 눈은 검은 동자를 기준으로 좌우에 흰자위가 있는데 이를 이백안이라고 한다. 그러나 눈동자 주위를 흰자위가 사방으로 포위한 사백안이나 흰자위가 좌우와 아래나 위로 검은 동자를 감싸고 있는 삼백안의 소유자는 겉과 속이 다르고 마음이 잔혹하여 배우자로 맞는다면 훗날 배신을 당하는 아픔을 겪을 수도 있다.

4. 코

코가 큰 남자는 정력이 좋다고 하는데 실제로 코의 **뼈대**가 굵고 뚜렷하면 에너지가 강해서 신체의 다른 부위도 튼튼하다. 이 에너지는 재물운과도 직결된다.

코는 건강은 물론, 생활력, 섹스 능력 등 자신의 위상을 나타내는 데 코의 높이는 활동 반경과 감수성을 나타낸다. 코의 길이는 얼굴의 약 3분의 1 또는 3.5분의 1을 표준으로 한다. 코가 긴 사람은 보수적인 성격에 자존심이 강하며 매사에 치밀한데 지나치게 자기주장이 강하고 융통성이 부족하여 대인관계가 서투른 편이다. 반대로 짧은 코를 지닌 사람은 타인과의 친화력이 좋고 주위 상황에 임기응변으로 처신하는 재능이 뛰어나며 눈치가 빠르다. 그러나 자기 주관이 흐리고 개성이 약하다.

코를 살필 때는 콧방울도 살펴야 한다. 콧방울은 들어온 재물을 잘 보관하는 문지기 역할을 한다. 쉽게 말해 콧구멍(창고)이 클수록 그 안에 금은보화가 가득하다면, 콧방울이 동그랗고 탄력 있게 콧구멍을 잘 감싸고 있어야 창고 속의 금은보화를 잘 지킬 수 있다. 콧구멍(창고)이 크더라도 그 속이 훤히 드러나 보이면 창고 문을 열어둔 격이니 금전수입이 아무리 좋더라도 지출이 많아 그 재산을 지키기 어렵다. 반면에 콧구멍이 작은 경우는 마치 작은 창고에 물건을 쌓는 것처럼 한정된 것만을 갖지만 대체로 그 속이 잘 보이지 않으니 상대적으로 금전 관리는 세밀하고 알뜰하다.

코에 사마귀나 점이 있으면 운세에 막힘이 있고 코에 세로 주름이 있으면 교통사고나 낙상을 당해 몸에 흉이 생기게 된다. 코털이 매우 길어서 밖으로 나와 있으면 미관상 추하기도 하지만 재물도 새어나가며 코끝이 붉거나 딸기코이면 주색 앞에 자제력을 잃는다.

5. 관골

코를 임금으로 본다면 관골은 좌우의 신하에 해당한다. 한 나라의 흥망성쇠는 임금의 역할이 가장 중요하겠지만 이를 보좌하는 충신 또한 매우 중요하다. 신하는 명석하고 민첩하고 임금을 잘 보좌해야 한다. 따라서 좋은 관골은 크고 반듯하며 코와의 조화를 잘 이루어야 한다. 코가 약간 부족한 듯해도 관골이 좋으면 훌륭한 신하 덕에 나라가 발전하듯이 실력이상의 결과를 낳게 되고 금전운이 향상된다.

관골을 통하여 그 사람의 독립심과 투지, 생활력을 알 수 있다. 관골이 크면 의지력이 강하고 뜻과 이상이 높으며 또한 추진력과 생활력도 강하다. 관골이 높은 사람은 대담하며 매사 활동적이어서 사업이나 정치, 학술 등의 분야에서 활발하게 활약할 수 있는 가능성이 높다. 반대로 푹 꺼진 관골, 즉 관골이 작은 사람은 온순하고 현실적이지만 어렵게 자수성가해야 하는 타입이다

남자는 관골이 높이 솟고 살이 두툼해야 길상이다. 위세 있게 튀어나온 관골은 기력과 체력이 모두 뛰어나 생활력이 강하다. 그러나 관골이 너무 큰 여자는 남성질 기질이 강해 자칫하면 남편을 깔아뭉개려는 경향이 있다.

6. 입술

입술은 성격을 판단할 수 있는 중요한 곳이며 동시에 성욕과 애정운, 생활력, 자손운도 판단할 수 있는 부위이다.

좋은 입술은 입술선이 뚜렷하고 입 꼬리가 살짝 올라가며 적당한 크기와 두께에 붉은 기운이 돌아야 한다.

입 꼬리가 짧으면 소심하고 내성적인 성격으로 일처리가 야무지지만 계획에 차질이 생기면 말없이 잠수할 확률이 높다. 반대로 입 꼬리가 길면 통이 큰 사람으로 대담한 추진력을 지녀 일을 크게 벌이는 타입이므로 입이 작은 사람과 함께 일하는 것이 서로의 단점을 보완할 수 있는 방법이기도 하다.

관상학에서 입은 곧 과정을 나타내므로 입술 윤곽이 뚜렷하고 위아래 입술 선이 고운 사람은 경제적으로 윤택하고 안정된 가정생활을 누릴 수 있다.

7. 귀

귀가 잘 생기고 못 생기고는 엄마가 아기를 가졌을 때의 생활환경에 따라 달라질 수 있다. 임산부가 배태 당시 남편이나 주위 사람들에게 대접을 받고 편하게 지내면 아이의 귓바퀴가 예쁘게 만들어지고 연골조직이 바르게 형성되는 것이다. 반대로 임산부가 주위의 무관심 속에서 경제적으로 고통을 겪으며 불편하게 지내면 아기의 귀는 예쁘게 형성되지 않는다.

귀를 보고 14세까지 유년 시절을 알 수 있는데 잘생긴 귀를 가졌다면 어린 시절에 반듯한 가정교육을 받고 자랐다는 얘기이며 이런 배경은 성인이 된 후에도 반듯한 성격을 지녀 결혼 및 사회생활에 잘 적응할 수 있게 만든다.

잘생긴 귀는 귓바퀴가 둥그렇게 귀를 감싸고 있고 그 안에 연골조직이 반듯하게 형성되어 윤곽이 뚜렷하며 귓불이 도톰하게 붙어 있다. 잘생긴 귀를 가진 사람은 성격이 반듯하고 여유가 있어 계획적인 생활을 하며 가정을 잘 지키는 것은 물론 사회나 국가 조직에서도 성실하게 임하므로 공무원이나 직장생활에도 적합하다.

반면 귀 안에 있는 연골조직이 뒤집어져 튀어 나와 있으면 적극적이며 개성이 넘치고 튀는 성격일 가능성이 높다. 그렇기 때문에 연예인 중에는 얼굴은 아주 곱상한데도 특이하게 귀의 연골 조직이 튀어 나와 아주 활동적인 사람이 많다. 그리고 좁고 길쭉한 형태로 쭉 뻗은 칼귀도 많은데 이 경우는 성격이 급해 좋지 않은 귀로 여겨지기도 하지만 반면에 냉정한 성격으로 일을 미루지 않고 신속하게 처리하는 장점을 가지고 있다.

귀의 위치는 눈썹과 코끝을 스치는 두 줄의 평행선 사이에 들어 있는 것이 표준이다. 평행선 위로 높이 붙어있는 귀는 유년 시절에 운이 좋고 윗사람의 사랑을 받으며 자라 참모역으로 적합하나 리더가 되려면 많은 시련과 장애가 따른다. 반대로 평행선 아래로 귀가 내려 붙은 사람은 자수성가할 타입이고 리더기질과 우두머리 운을 지니고 있다. 또한 귀가 단단하면 기력이나 정력이 왕성하고 부드러우면 기력과 정력은 약해도 따뜻한 마음을 지녔다고 볼 수 있다.

8. 인중

코 밑에서 입술로 연결되는 세로로 파인 골을 인중이라고 한다. 인중은 물이 흐르는 도랑에 비유되는데 물도랑이 넓고 깊으면 물길이 막힘이 없고 좁고 얕으면 물길이 막히거나 잘 흐르지 못하듯 인중이 깊고 넓으며 분명할수록 운세가 좋고 건강하다.

인중의 길이는 수명과 관계가 있고 인중 넓이는 자녀수와 관계가 있다. 인중이 길면 장수할 뿐만 아니라 지도력과 행동력이 뛰어나고 인정과 의협심이 많아 주변사람들에게 사랑을 받는다. 반대로 인중이 짧으면 남자는 싹싹한 성격에 명랑 쾌활하나 다소 경솔할 수 있으며 여성은 미인이 많고 귀엽고 새침하지만 고집이 센 면도 있다.

인중은 물도랑에 비유되니 위에서 아래로 내려갈수록 넓어져야 길상이다. 이런 인중은 금전운이 좋고 아들을 많이 두며 여자는 자궁상태가 좋고 자식복이 있다. 반대로 인중이 위는 넓고 아래로 내려갈수록 좁아지는 유형은 운세가 좋지 않으며 자녀운도 좋지 않다. 또한 인중의 골이 편평하면서 선이 없거나 옅으면 늙도록 자식이 없고 궁핍하다.

인중의 모양이 대나무를 반으로 잘라 뒤집어 놓은 형상이면 아주 좋다. 인중이 바늘같이 좁고 가늘면 자손이 끊기고 빈궁할 상이다. 또한 여자가 인중에 상처가 있으면 유산을 하거나 임신 중절을 받게 될 수 있다.

- -

9. 턱

귀는 14세까지 유년운, 이마는 30세까지 청년운, 코는 50세까지의 중년운을 알려주는데 턱은 말년운을 나타낸다. 이밖에도 턱은 애정운과 가정운을 판단하는 근간이 되며 주택과 토지 외에 자식운도 알 수 있는 부위이다. 턱은 둥글고 풍만하며 그 폭이 넓어야 한다. 일반적으로 넓고 풍부한 턱은 재물운이 좋고 좁고 빈약한 턱은 현실생활에 고충이 많다.

턱이 큰 사람은 원만한 성격에 활달하고 스태미너가 넘치며 스케일 또한 크고 가정운도 좋다. 큰 턱이 반원형으로 생겼다면 실업가 형이고 끝이 뾰족하면 상인형이다. 반면 작은 턱을 지닌 사람은 체력이 약하고 지구력이 부족한 대신 이성적이고 냉철하며 치밀한 성격인데 이 가운데 턱 끝이 뾰족한 사람은 사업보다는 학술, 예술, 의약, 기술 계통이 적성에 맞을 수 있고 몸보다 머리 쓰는 일에 적합하다. 턱이 좁고 짧거나 주걱턱처럼 심하게 튀어나오면 실천력이 약해 사람들이 잘 따르지 않는다.

턱 모양은 먹는 음식과도 관련이 있는데 사람의 성격에 따라 음식의 기호가 다르며 먹는 음식에 따라 턱 모양도 달라지는 것이다. 턱이 발달한 사람은 딱딱한 음식을 좋아하는데 이런 음식을 먹다 보면 공격적이며 끈질긴 성격을 가지게 된다. 턱이 빈약한 사람들은 부드러운 음식을 좋아하는데 이런 음식을 좋아하는 사람들은 방어적이며 수동적이고 지구력이 떨어진다. 턱뼈는 발달했는데 뺨에 살이 적은 사람은 다소 차가운 면이 있어 대인 관계가 원만치 않은 경우가 많다. 이런 사람이 잘 웃으면 비장, 위장, 대장을 관장하는 뺨 부위의 기혈이 통하면서 그 부위가 발달하게 된다.

턱이 넓고 크면 의협심이 강한 지도자형으로 아랫사람이 많아 크게 성공한다. 그러나 턱에 살이 없고 좌우에 점이나 흠이 있으면, 믿을 만한 부하가 없고, 아랫사람에게 배신당하기 쉽고 실패하기 쉽다. 턱은 지각(地閣)이라고도 하는데 토지나 집으로 보니 턱에 점이 있으면 이사를 자주 다닌다.

턱이 네모지면 의지가 강하고, 인내심이 강하며 둥근 턱은 사랑과 정이 깊고, 가정적이다. 반대로 뾰족한 턱은 애정운이 약하고, 가정생활이 고독하다. 턱이 앞으로 나온 사람은 부모형제 배우자에게 잘하고 성실한 사람이다. 턱이 낮아 안으로 경사진 사람은 감정의 기복이 심하고 인내심이 없어 다양한 취미와 재주가 있지만 인생에 변화가 많다.

제 **11** 장

얼굴의 점

Self Beauty
Physiognomy Care

제11장

얼굴의 점

다른 관상법에 비해 일반인도 쉽게 알 수 있는 것이 얼굴의 점이다. 점의 위치에 따른 운명적 요소만 알 수 있다면 그 사람의 성격이나 운명의 중요한 내용을 쉽게 파악할 수 있다. 여기서 점이란 지름 2mm이상의 검은 점을 의미하며, 흐리거나 둥글지 않은 모양의 기미나 검은 무늬는 흑자라고 하여 점을 보는 법에는 적용하지 않는다.

1. 얼굴점의 위치에 따른 운명

1) 부자가 될 것임을 암시

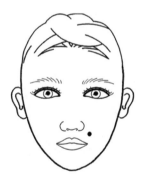

콧방울 끝에서 입술 옆으로 흐르는 굵은 주름을 식녹이라 하는데 이곳에 점이 있으면 큰 부자가 될 상이다.

2) 사교성이 좋은 점

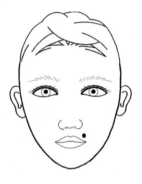

　입술 위에 애교점이 있는 사람은 사교성이 좋아 이성에게 인기가 있는 반면에 여러 번의 추문이 따를 수 있기 때문에 구설과 스캔들에 주의 하여야 하는 상이다.

3) 소동이 끊이지 않는 점

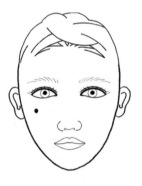

　광대뼈 위에 있는 점은 주변과 갈등과 다툼이 많아 좋은 의미이던 나쁜 의미이던 세상에 파문을 일으킬 만한 인물이 되는 상이다.

4) 머리가 좋고 지혜로운 점

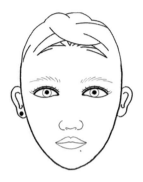

　　귓볼과 눈썹 안쪽에 있는 점을 총명점이라고 하는데 머리가 좋고 지혜로울 상이다.

5) 제물이 따름을 암시하는 점

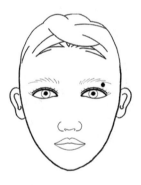

　　오른쪽 눈썹 아래에 점이 있으면 친구나 주변인의 덕을 보게 되며 왼쪽 눈썹 아래에 점이 있으면 자수성가하여 재물을 모을 수 있는 상이다.

6) 이마 중앙의 점

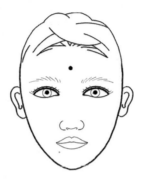

　이마 가운데에 점이 있는 사람은 모든 일들을 처음에는 술술 잘 풀어나가나 차츰 시간이 지날수록 방자한 행동으로 그르치기 쉬운 상이다.

7) 눈 아래에 있는 점

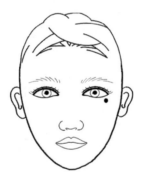

　오른쪽 눈 아래에 점이 있으면 성장기와 20대에 연애 문제로 고통받을 상이며 눈 꼬리 부분에 점이 있으면 애정 운이 파란만장하여 부부 운이 좋지 않을 상이다.

8) 볼에 있는 점

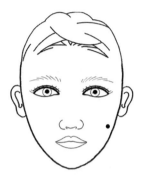

　왼쪽 볼에 점이 있는 경우는 싸움수가 강하게 작용해 툭하면 싸움을 하거나 남의 싸움에 휘말린다. 여자의 오른쪽 볼에 점이 있다면 남성에게 인기는 있지만 구설에 자주 휘말리게 되는 상이다.

9) 볼과 귀에 사이에 있는 점

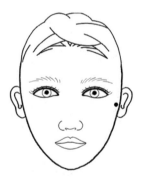

　볼과 귀 사이에 점이 있는 경우는 이야기해서 좋을 것과 나쁠 것을 구별하지 못하고, 상대방의 입장을 생각하지 않고 수다를 떠는 상이다.

10) 코에 있는 점

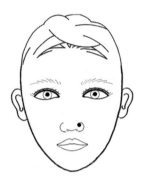

코끝에 점이 있다면 재물을 흥청망청 써 버리는 상이고 코 옆에 점
이 있다면 마음이 순진하고 착해서 일에서나 대인관계에서 손해를 보는
상이다.

11) 귀에 있는 점

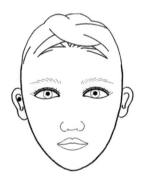

여자가 오른쪽 귀 속에 점이 있으면 남성에게 인기가 많을 상이고,
남자가 왼쪽 귀 속에 점이 있으면 여자에게 인기가 많을 상이다.

12) 입술에 있는 점

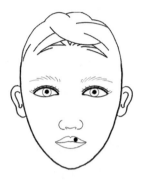

입술에 점이 있는 경우는 상황에 맞게 말을 적절히 하지 못해 사회에서 고립될 수 있는 상이다.

13) 턱에 있는 점

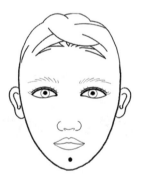

턱 왼쪽에 점이 있다면 사회생활을 정상적으로 하지 못할 상이고, 턱 오른쪽에 점이 있다면 가정생활에 충실치 못할 상이다. 어디에 있던 턱에 난 점은 흉점이다.

2. 관상으로 보는 복점과 흉점

인중에 점이 있는 사람은 심성이 착해 배우자를 잘 만나는 상으로 결혼 생활에 만족을 느낀다. 턱의 왼쪽에 점이 있다면 사회생활을 정상적으로 하지 못하는 상이고, 오른쪽에 점이 있다면 가정생활에 충실하지 못하는 상이다. 눈과 눈 사이에 점이 있다면 남녀 모두 사람들이 많이 모인 장소에서 인기 있는 상으로 호감이 가는 타입이다.

남녀 모두 왼쪽 눈 아래에 점이 있다면 중년이후에 행복한 결혼 생활을 하는 상이다. 오른쪽 눈썹 아래점이 있다면 한 평생 돈독한 우정을 과시하는 친구가 있을 상이다. 여자의 경우 왼쪽 눈썹아래에 점이 있다면 자수성가하는 상으로 재물을 많이 모은다.

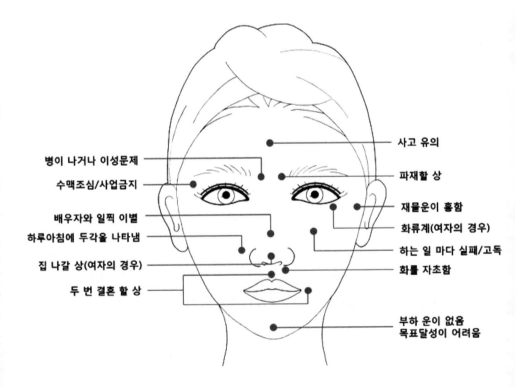

병이 나거나 이성문제
수맥조심/사업금지
배우자와 일찍 이별
하루아침에 두각을 나타냄
집 나갈 상(여자의 경우)
두 번 결혼 할 상

사고 유의
파재할 상
재물운이 흥함
화류계(여자의 경우)
하는 일 마다 실패/고독
화를 자초함
부하 운이 없음
목표달성이 어려움

제 **12** 장

금쇄부 은시가

Self Beauty Physiognomy Care

Self Beauty
Physiognomy Care

제12장

금쇄부 은시가

「금쇄부」「은시가」란 오래전 옛날부터 구전되어 내려오는 관상의 비법을 말한다. 이것은 저자미상으로 사람의 입에서 입을 통해 내려오는 비결인데 누구나 이 「금쇄부」「은시가」를 숙지하면 사람의 관상을 쉽고 정확하게 볼 수 있을 것이다. 어려운 한자 싯구를 쉽게 풀어 의역하여 정리한다.

1. 금쇄부 은시가

1) 아무리 많은 사람을 볼지라도 상을 보는 법은 한 가지 이치이나 문자의 풀이가 여러 가지로 난해하여 사람을 읽기가 어려운 것이다. 고대의 관상가들이 깊고 묘한 말들을 노래로 삼아 후세의 사람들이 보기 쉽게 이해하도록 기록하였다.

2) 여섯 종류의 해로운 눈썹 모양을 가지면 친척의 정이 끊어지며 인당이 가을 물빛과 같고 비록 둥글어도 찌그러진 곳이 있으면 처자를 극하고 노년에 한가하지 못하니 하는 일은 계획만 잘 세우고 성과는 보지 못한다.

3) 눈썹이 맞닿은 듯 하고 얼굴빛이 검으면 정신이 초조하게 되고 남의 일에 나서기 좋아하여 매사에 근심걱정이 많게 된다. 냉정

한 눈으로 사람을 보며 웃는 사람은 겉으로 드러나지는 않지만 내심 독이 있어 반드시 남에게 해를 끼친다.

4) 얼핏 보면 얼굴의 빛이 밝아 보이나 자세히 보면 얼굴빛이 어두워 보이는 사람은 장래 수명이 짧게 되며 요행히 오래 산다고 해도 가난과 고독을 피할 길이 없게 된다.

5) 사람의 얼굴에는 오성과 육요가 있으니 눈썹을 제외하고는 틀어 지거나 굽고 결함이 있으면 좋지 못하다. 귀가 틀어지고 입이 틀 어지면 노년에 고독하고 실패하는 수가 따르며 코가 틀어지고 굽 으면 사십대에 고통이 따르게 된다.

6) 이 같은 사람은 아무리 많은 공부를 하여도 가난을 면하기 어렵 고 학문을 갖추고 십 년을 지내도 벼슬을 하지 못하게 된다. 비록 마음은 하늘을 찌를 듯 한 기개가 평생 동안 있더라도 꾀꼬리 새 끼가 날고 싶어도 날지 못하여 좌절하는 형상이다.

7) 산근이 끊어져있으면 힘만 낭비하게 되며 조업이 모두 없어지고 반드시 재산을 파하게 된다. 형제간에 인연이 없게 되어 고향을 떠나게 되며 나이를 먹어갈수록 하는 일이 잘못되어 마가 끼게 된다.

8) 얼굴은 큰데 눈썹이 없으면 수재 정도에 그치고 입술이 위로 들 리고 이가 밖으로 튀어나온 모양이면 일생 구설과 재앙이 따른 다. 평생 바쁘기만 하고 실속이 없어 다리만 아플 뿐이며 평생 부 귀가 따라 오지 않는다.

9) 상정이 짧고 하정이 길게 생기면 하는 일마다 실패가 많으며 가

는 곳마다 되는 일이 없다. 혹 어렵게 한 살림 장만했다 하더라도 뜨거운 햇빛에 녹는 얼음과 같게 된다.

10) 하정이 짧고 상정이 길게 생기면 고관대작이 되어 임금을 모시게 된다. 만일 보통사람이 이와 같은 상이면 금은보화가 창고에 가득하게 된다.

11) 이십대에 몸에 살이 너무 쪄서 비만하면 죽을 날을 받아놓은 것과 같으며 사십대에 몸이 불어나 커지면 발전함이 있게 된다. 몸의 형상(뼈와 살)이 넓고 크면 좋으나 살이 너무 많으면 좋지 않으니 넓고 큰 모양이면 영화가 있으나 너무 비만하면 일찍 죽게 된다.

12) 살이 약한 사람도 있고 뼈가 약한 사람도 있으니 야위었거나 뼈가 약한 사람들에 대한 해석이 모두 다르다. 보기에 몸이 약할지라도 정신력이 좋으면 끝에 가서는 발전하며, 뼈가 약한 사람은 비록 얼굴 및 외모가 좋더라도 고단함을 면치 못한다. 얼굴빛이 너무 곱거나 지나치게 아름다운 것은 좋지 않으니 노인의 얼굴빛이 너무 고우면 괴롭고 쓰라린 일이 많이 생기며 젊은이의 얼굴빛이 핏기 없어 희기만 하면 성공하기 힘들다.

13) 눈썹은 약간 굽어야 좋고 반듯하게 뻗은 모양이면 나쁘니 눈썹이 고와도 곧게 뻗으면 사람이 어리석어 좋고 나쁨을 분별하지 못한다. 눈썹이 완만하게 굽은 사람은 학문이 풍부하고 총명하며 눈썹 모양이 곧바른 사람은 처자식을 극한다.

14) 수염은 검어야 좋으며 지나치게 빽빽하지 않고 드물어 살이 보

이면 좋다. 털이 너무 많고 탁하며 누런빛이면 좋지 않다. 이와 같은 눈썹은 일찌감치 부모와 이별하고 노년에는 자식과도 인연이 약하다.

15) 이마의 주름이 끊어지고 상처가 있거나 찌그러져있으면 형액이 생기니 이것을 가리켜 망라살 이라고 한다. 만약 처를 형극하지 않으면 자식을 해하게 되니 집안에 우환이 끊이지 않고 빈궁하여 고독하게 된다.

16) 얼굴 중에 가장 꺼리는 것은 낯가죽이 두꺼운 철면피인데 남자는 명이 길지 못하고 여자는 음욕을 탐하게 되며 그렇지 않으면 중이 되거나 고독함을 면할 길이 없다.

17) 눈썹이 끊어지거나 관골 부위까지 굽어져 내려오면 항상 시비와 관재가 따르고 전답을 모두 팔아먹게 되며 처자를 두세 번 이별하게 되고 근심과 재앙이 끊어질 날이 없다.

18) 눈에 도화색을 띠면 색정을 좋아한다. 사람을 바라 볼 때는 곁눈질을 하는 습관을 갖지 말라. 악독하고 악독하지 않은 구별은 오직 눈을 보면 알게 되니 뱀눈을 가진 자는 자식이 아비를 때리는 패륜아이며 염소 눈 모양이면 집이 없어 의지 할 곳이 없게 된다.

19) 눈썹이 화창 부위에 한 치나 높이 붙으면 중년에 필히 부부이별하게 되며 눈 아래가 꺼져 오목하면 고단한 사람이고 두 눈에 빛이 없으면 역시 같은 운명이라 할 것이다. 좌우의 관골이 계란처럼 솟지 않으면 자식이 없어 남의 자식을 양자로 삼게 된다.

20) 이마가 좁고 뾰족하면 재앙이 생기니 가옥과 토지를 있는 대로 팔아 없앤다. 옛날 장량과 같은 재주로 아무리 계책을 잘 쓴다 하여도 관상이 이와 같으면 자연히 전복되어 낭패하게 된다.

21) 눈알이 밖으로 튀어나오면 전생에 악연이 있으니 자신의 잘못으로 전답을 탕진하게 되고 흰자위가 검은자위보다 많아 사방으로 들어나면 단명하지 않으면 질병으로 고생을 하게 된다.

22) 콧등에 뼈가 튀어나오면 반음살이라 하며 코가 굽고 틀어지면 복음살이라 한다. 반음이 되면 가문이 끊기고 멸망하게 되며 복음이 되면 일생 눈물을 흘리는 일이 많게 된다.

23) 눈이 수려하면 마음이 아름다워 글공부를 못했어도 사람다운 노릇을 하며 손재주가 좋아 못하는 것이 없으니 하잘 것 없는 것으로도 훌륭한 물건을 만들어낸다.

24) 이마와 관골에 붉은 기가 있고 또 이곳에 푸른 점이 나타나면 박사염조라 하며 아내를 수시로 바꾸고 자녀를 실패하며 혹 산근이 높고 다시 끊어지면 5년 안에 세 차례의 슬픈 일이 생기게 된다.

25) 왼편 눈 밑의 누당에 상처가 있거나 깊게 함하거나 검은 사마귀가 있거나 눈 아래 관골 앞에 뼈가 불숙 솟아오르면 아들이 없고 오른편이 그러하면 딸이 없으니 자녀를 형극하게 된다.

26) 발제 부분이 낮고 오목하면 부모가 없게 되고 일월각에 잔털이 나 있으면 어려서 어머니를 이별하고 왼쪽 관골이 튀어나오면

부친이 일찍 사망하는데 만약 부친이 사망하지 않으면 형액수가 있어 몸을 다치게 된다.

27) 선비가 에꾸 눈이거나 한쪽 눈이 찌긋하면 문성이 낙함된 것인데 표범의 이와 같고 머리통이 뾰족하면 명망을 얻지 못한다. 이러한 관상은 비록 문장이 출중하더라도 젖은 나막신에 정이 박힌 것같이 인생이 불안하다.

28) 눈썹이 겹쳐나고 산근이 오목하게 들어가면 재산을 파하고 32세에 근심과 재앙을 만날 것이며 토성인 코가 단정하면 일생 발전하게 된다. 그러나 중악인 코가 좋지 못하면 재운이 불길하여 실패와 고생을 면하기 어렵다.

29) 춥고 배고픈 사람은 어깨가 목을 지나며 행복한 사람은 귀가 눈썹을 누르듯 약간 위로 올라붙어 있으며 어깨가 처지고 허술하여 마치 비 맞은 닭과 같으면 하천한 사람이다.

30) 눈썹이 눈 위에 높이 붙은 자는 보통사람보다 도량이 크고 눈썹과 눈이 서로 균형을 이루면 일생 우환 걱정이 없는데 눈썹이 거칠고 조밀하고 눈이 몹시 작거나 전택궁이 좁으면 금년부터 내년의 식량을 빌려올 걱정을 해야 한다.

31) 모름지기 머리 위에 작은 횡골이 있어야 좋은 격이라 하나 하정이 균형을 이루지 못하면 아무런 소용이 없다. 다리가 학의 다리처럼 가늘고 엉성하면 소인배요 여자가 발이 부드럽지 못하고 크기만 하면 무당이나 매파의 팔자이다.

32) 좌우의 눈을 식각이라 하여 상법을 잘 아는 자는 두 눈을 보면 선

하고 약한 성품을 알게 되는데 명수학당(눈)이 수려하지 못하면 성격이 어질지 않으니 이러한 비법을 아무에게나 전하지 말라.

33) 몸에 비하여 발이 몹시 크면 단명하고 재앙이 많으며 사우머리가 끊어지면 생명이 위태롭다. 귀가 먹고 눈이 어두운 것은 양인살이 있는 까닭이니 일찌감치 사망하지 않으면 재앙이 많다.

34) 눈썹머리와 액각이 용호와 같으면 이는 용호상쟁격 이라 해서 사람됨이 지극히 어리석다. 인당에서 천창까지 오목하고 낮은 자는 재앙이 따르고 코끝이 높이 들려 콧구멍이 훤하면 부유하게 살기 힘들다.

35) 양미간이 넓어 손가락이 두개 들어갈 만하면 총명하고 뛰어나 못하는 것이 없다. 그런데 눈 밑이 밝고 흠이나 흑자가 없으면 중년에 관록을 얻지 못하면 재물이 풍족하다.

36) 중년에는 창고의 부위로 재물과 곡식의 유무를 살펴나니 창고의 부위가 풍만하지 못하면 재물과 곡식을 저축하지 못한다. 모름지기 전원과 창고가 풍성함을 요하니 창고의 부위가 넓고 풍만해야 재물과 곡식이 가득하다.

37) 창고의 부위에 흠이 있거나 기색이 청색을 띄면 재물이 있어도 곧 나가버리고 콧구멍이 드러나고 크게 보여 온전한 격을 얻지 못하면 만년에 이르도록 부귀를 얻지 못한다. 그러나 관액의 근심은 없을 것이요 다만 벼슬 운이 없고 재물이 궁핍하다.

38) 뜻을 이루지 못하고 동분서주 방황하는 자는 귀가 커도 윤곽이 없고 입에 각이 없는 사람이다. 이런 사람은 동쪽 거리에서 떡 장사

를 하지 않으면 서쪽 거리에서 먹을 것을 파는 빈천한 몸이다.

39) 한결같은 이치를 아 바르게 살피면 화와 복을 알게 될지니 입은
걷히지 말아야하고 코끝은 휘어져 굽지 말아야 한다. 이러한 묘
법을 자세히 논한 것을 금쇄부 은시가라 이름 하니 밝게 추리하
면 인간의 길흉화복이 이 법에서 벗어나지 못한다.

셀프관상미용관리법

초판인쇄	2017년 2월 22일
초판발행	2017년 2월 28일
공저자	양성모 · 전연수
펴낸이	안종만
기획/마케팅	송병민
표지디자인	김연서
제 작	우인도 · 고철민
펴낸곳	(주) **박영사**
	서울특별시 종로구 새문안로3길 36, 1601
	등록 1959. 3. 11. 제300-1959-1호(倫)
전 화	02)733-6771
f a x	02)736-4818
e-mail	pys@pybook.co.kr
homepage	www.pybook.co.kr
ISBN	979-11-303-0407-6 93590

* 잘못된 책은 바꿔드립니다. 본서의 무단복제행위를 금합니다.
* 저자와 협의하여 인지첩부를 생략합니다.

정 가   18,000원